究竟，摄影对你来说是什么？

如果你带着这个问题去问10个人，可能会得到八九个不同的答案。

但也正是因为每个人都对摄影的认知和理解不同，才造就了拍摄风格和题材的多样化。试想一下，如果我们都对摄影有着同一种认识、同一种理解，那么可能我们每个人拍到的照片也都大同小异了吧。

我所理解的摄影和生活是密不可分的，摄影对我来说就是一种记录生活的方式，将我所见到的花草，所品尝到的美食等，将所有生活的美好用照片这一载体表达出来。

每当我的一些摄影师朋友又把钱投在了给模特买服装、道具的时候，我却把钱花在购买家居装饰；每当他们又开始买镜头等器材的时候，我却又把钱用在了旅行上。对我来讲，摄影最重要的并不是器材要用多贵的，它不过是我记录生活的工具罢了，也不是你一定要掌握多少后期技巧。对我而言最重要的莫过于对自己生活质量的把控，使自己的生活过得有品质，让自己觉得满意。这既是我对生活的态度，也是我对摄影的态度。

攒了很久的钱后，当我终于买到一套心仪已久的手绘茶杯，会感觉到很幸福；去电影院看了一部自己很期待的电影，会感觉到很幸福；见过了未曾见过的风景，会感觉到很幸福。这些事情看似与摄影没有关系，但在我看来，所有的美好都会为你的创作带来灵感，而摄影就是这样一直藏在自己的生活中，你可能时常想不起它，但它确确实实就是我们生活中不可分割的一部分。

说起这本书的内容，应该会有人产生疑惑：为什么后期部分的内容那么少呢？后期部分一共只介绍了4个范例，这么一点后期的知识真的就能让我们这些摄影新手修出好看的照片了吗？我想说的是，照片是靠拍出来的，并不是靠修出来的。前期没有用心拍摄而只想靠着后期将照片修得好看，这是不现实的。前期拍摄与后期修图的关系就好比是修建一栋大楼，前期拍摄就像是这栋大楼的地基和框架结构，而后期修图就像是大楼的外墙装饰，如果连大楼的根基都不稳固还谈什么外墙装饰？因此，我希望大家能端正学习摄影的态度，从前期拍摄入手，一步一个脚印，切忌心浮气躁。

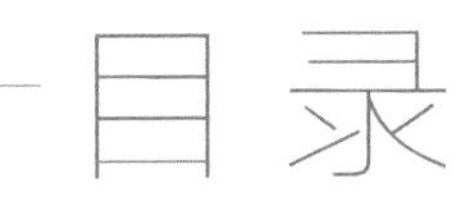

目录

第01章

生活摄影器材的选择

第02章

生活摄影怎样用好色彩

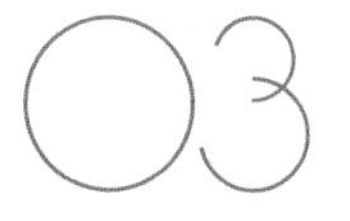

第03章 简单生活，简单构图

目录

第  章

光与影的故事

第  章

元素的搭配与道具的选择

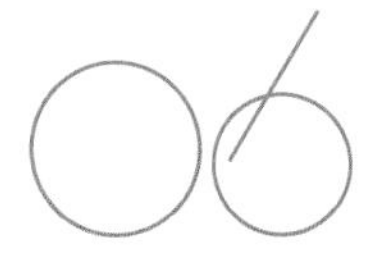

第06章

使画面更有魅力——后期调色

生活手札

•

将生活变成一首诗

我曾经问过一些朋友一个问题："你对自己现在的生活满意吗？"他们的回答大都是否定的，甚至有些觉得自己现在的生活状况很糟糕，与自己想要的生活相距甚远。

其实我也是一个很难自我满足的家伙，我也时常抱怨自己现有的生活，但庆幸的是我能看到自己现在所拥有的一切，因此我清楚地知道自己手中究竟握着多少幸福。至少现在我的父母还健在；至少我还有个温暖的家；至少我还没有落魄到衣食住行都没有着落的境地。

究竟什么是幸福？在你事业成功的时候又遇见了对的另一半是一种幸福；在你饥肠辘辘的时候还能有一碗热腾腾的泡面也是一种幸福。并非一定要苦尽甘来才能称为幸福，也并非一定要一直生活在很美好的环境里才叫幸福。幸福这种感受很奇妙，纵使你身家过亿，也会因为没有一个可交心的朋友而感到不幸，或是你到偏僻的小山村支教，会因受到孩子们的爱戴而感到幸福。

那么怎样去获得幸福感呢？即使是渺小的、微乎其微的快乐，如果你能够累积很多这样细小的快乐，你也能感受到幸福。若是每一天都能这样，那么你这一生肯定是美好的。

现在的人常常感受不到幸福，是因为他们一直在追逐，却不曾回头看看自己究竟拥有些什么。

我不是那种可以抛弃世俗生活的世外高人，我也学不来他们追求自我而不食人间烟火，我只是想在城市森林中找寻到属于自己的那一点点小而确定的幸福。

第01章

生活摄影器材的选择

无论是相机、镜头还是摄影用的其他器材，都有各自的优缺点。大家对于同一器材的看法，会因每个人的拍摄习惯、拍摄方式、拍摄风格等因素而有所不同。所以，本章推荐的器材仅是以我个人的使用经验来评价的。对于一些暂时还没有相关器材的朋友可以参考、借鉴，已经有相关器材的朋友也别盲目更换，毕竟自己最得心应手的器材才能发挥它最大的效用。

1.1 适合生活摄影的相机

每个人对于美的感受都不尽相同，对于不同照片风格和对相机的选择，不同的人能说出不相同的观点。无论摄影师是使用哪种器材，最重要的是将拍摄主题表达出来，相机和器材只是帮助你完成表达的工具。

1.1.1 甩掉重负——便携微单

相比于单反相机（单镜头反光镜数码相机，俗称单反相机），微单（微型单镜头无反电子取景相机，俗称微单）最大的优势在于它的便携性，对于每天出门即使不带手机也要背一台相机的我来说，微单的轻巧便携性是非常适合我的。

到现在为止，能搭载全画幅的微单品牌只有索尼。在全画幅微单里我推荐索尼α7m2，不仅是全画幅，以往的相机只能在镜头上增加防抖功能，而索尼的机身五轴防抖功能使所有适配在相机上的镜头（即使没有防抖功能）都能获得防抖的效果；高感光度下依旧保持着低噪点；不错的自动对焦系统；可翻转的实时监视屏；最关键是索尼微单超短的法兰距，可以转接很多种类接口的镜头，特别是可以大量转接老式手动镜头，使老镜头又开始有了用武之地，并且现在市面上的老镜头价格低廉，质量也不差，这就能让你以相同的花费购买到更多的镜头，在可玩性上比其他相机高了不少。索尼的缺点在于电池不耐用，虽然可以用充电宝充电，但终究不方便；价格方面，特别是镜头偏贵；各种按键的操控感不佳；画质上与同级别单反相机还是有一定差距。

APS-C画幅的微单可选范围就很广了，无论是富士、佳能或奥林巴斯等品牌都有自己的APS-C画幅微单产品。我主要推荐索尼α6000和富士X-T10。

现在已经有新款的索尼α6300和索尼α6500了，为什么要重点推荐索尼α6000呢？主要在于高性价比，与最新的那两款相比，索尼α6000在实用性方面已经做得很好了，无论是功能、画质，还是对焦速度都没有明显的不足，资金不够充裕的朋友可以考虑选择这款相机。

富士X－T10，复古的造型应该是很多人选择它的重要原因，但如果你认为它只是靠“颜值”吃饭那就错了，富士X－T10的操控性也是可圈可点的。色彩方面，相机自带多种色彩模式选择，继承了富士一贯的传统胶片色彩，对于直接将照片通过Wi-Fi传输到手机后在社交平台上发布的朋友来说还是很便利的，但对于需要后期修图的朋友来说，富士的这种色彩模式反而会制约后期调色工作。该款相机的电池续航能力不强，原厂适配的镜头素质较高，但可使用的其他镜头偏少，价格方面也偏贵。

1.1.2 性能稳定——轻型单反相机

首先是准入门全画幅相机佳能EOS 6D。在6D之上还有5D系列和1D系列，我推荐佳能6D主要还是因为它轻便，虽然和微单相比会更重、更大一些，但相比全画幅的其他单反相机又要轻巧许多。与微单相比，操控方面对于我这种手大的男生来说要好用得多，微单太过紧凑的机身，在操作上多少有点不方便。6D的电池续航能力很强，高感光度下的画质也可圈可点，佳能EF的镜头群相当丰富。但它没有可翻转液晶屏，以至于每次拍摄低角度照片只能蹲着或趴在地上，连拍能力较弱，对焦系统也不强。如果你想经常拍摄动物、儿童或体育一类需要抓拍的主题，那么佳能6D可能并不适合你。

虽然佳能EOS 750D定位于入门级单反相机，但在一些功能和细节上却是超过了佳能6D和5D3的。首先，这台相机给我的第一印象就是手感比上一代同级别相机好一些，做工扎实，画质方面也不错；相比佳能以前的入门级单反相机，750D在对焦系统上有了很大的升级，甚至比5D3和6D这种专业级相机都要好很多。

目前的入门级单反相机没有什么大的缺点，如果非要鸡蛋里挑骨头，那就是电池续航能力不如以前的入门级机型。

1.2 镜头

1.2.1 50mm镜头——生活乐趣发现者

部分镜头推荐

- 佳能50mm f/1.8
- 佳能50mm f/1.4
- 尼康50mm f/1.4G
- 适马50mm f/1.4
- 索尼Planar T* 50mm F1.4
- 佳能FD 50mm f / 1.4
- 美能达MC 50mm f / 1.4

50mm镜头是我最常用到的，我的很多照片都是用50mm镜头拍到的。如果你有充裕的资金，可以多买一两支50mm镜头，在日系生活摄影（日系“小清新”摄影风格，色彩朴素淡雅，略有曝光过度，画面唯美。）领域中，50mm镜头在相近焦段的镜头中是最值得投资的。

50mm焦段的优势就在于拍摄生活题材时画面中既能保留一定范围的拍摄环境，又能拍出物体的一些细节，50mm焦段的视角是最接近人类单眼视角的，因此拍摄出来的照片也能够体现出一定的画面真实感。另外，市面上绝大部分的50mm镜头都拥有很大的光圈，这不仅仅可以给画面带来更好的虚化效果，也能为拍摄者在光线较暗的环境下提供更好的画质保障。

其次，50mm镜头的体积相比其他焦段镜头更小，因此更便携。现在变焦镜头越来越普及，虽然定焦镜头少了变焦镜头在构图方面的便利，但正是因为这种不便，才更能使摄影新手尽快掌握构图技巧。

1.2.2 35mm镜头——进可攻，退可守

部分镜头推荐

- 佳能35mm f/2
- 佳能35mm f/1.4L
- 尼康35mm f/1.8G
- 适马35mm f/1.4
- 美能达 MC 35mm f / 1.8

35mm镜头是拍摄生活题材必备的镜头之一。虽然35mm镜头属于广角的范畴，但又没有24mm或16mm一类的超广角镜头所带来的强烈画面冲击感。35mm镜头的优势就在于它既可以离拍摄物近一点，避开在构图时画面里出现干扰物；又能离拍摄物稍微远一点，拍摄出周围的环境情况。

同时，35mm镜头也是最接近人类双眼的可视视角的镜头，有助于为拍摄者提供更接近现实的视角。

另外，35mm镜头往往拥有较大的光圈，再加上较小的体积和相对较高的性价比，这些都是35mm镜头的优势。

1.2.3 长焦镜头——生活中的千里眼

镜头推荐

- 佳能EF 70-200mm f/4L IS USM
- 佳能EF 70-300mm f/4-5.6 IS II USM
- 尼康AF-S 70-200mm f/2.8G ED VR II
- 腾龙SP 70-300mm f/4-5.6

试想一下，在一片大草原中，你发现正前方有一群牛在吃草，你觉得这样的画面很不错，正准备靠近拍摄，结果发现有一条小河拦在前面，在短时间里也无法越过这条小河，如果就在河边用50mm或35mm镜头拍摄，根本拍不到牛群的近距离画面，那么此时你就需要一支长焦镜头来帮你完成拍摄了。

长焦镜头最主要的优势就在于将拍摄对象“拉近”，使你尽可能地避免想拍却又拍不到的尴尬。另外，长焦镜头的视角窄，用于拍摄一些花卉或静物的特写也是不错的选择。

不过长焦镜头的缺点也很明显，较小的最大光圈加上最长的焦距，要是在光线较差的环境中拍摄时不增加ISO（感光度），就会很容易使画面“糊掉”。与之前介绍的定焦镜头相比，长焦镜头的体积大，重量不轻，其性价比不及定焦镜头。如果你拿起装有长焦镜头的相机走在街上，对行人的“攻击性”也很强。

1.3 其他摄影器材

1.3.1 LED补光灯

自从我买了LED补光灯后，就将其他的闪光灯打入冷宫了。相比于普通的闪光灯，LED补光灯的优势在于它可以调节色温，无论是想拍冷色调还是暖色调的照片，只要在前期拍摄时正确设置色温，那么后期处理时基本上不需要再过多调整色温了。LED补光灯的光线效果也比闪光灯更柔和一些。

▲ 未使用LED补光灯

▲ 使用LED补光灯

另外，闪光灯的成本也很高，想很好地利用闪光灯就还得购买无线引闪器和柔光罩等，而LED补光灯就不需要这些。

其次，使用LED补光灯时可以一直把灯打开，这样的好处在于自己能更直观地掌控光线情况，而使用闪光灯时则无法实现。

在太阳长期“掉线”的冬天，如果你还在为没有好的光线条件而郁闷，那么不妨用LED补光灯来代替吧，虽然效果肯定没有太阳光那么自然，但总体效果还是不错的。

当然，闪光灯也有其应用范围和优点，这里提到的闪光灯不如LED补光灯好用也仅仅是局限于生活摄影这一方面来讲。如果你经常拍摄人像或商业摄影，那么选择一支好的闪光灯也是很重要的。

1.3.2 反光板

大家应该都知道反光板的作用。平时用的较多的就是反光板的白色反光面，以表现主体物的暗部细节；拍美食时就用黄色反光面；阴天或光线严重不足时就用银色反光面；想要得到柔和的画面就用柔光面；想要削减光线就用黑色吸光面。

一块反光板的价格很便宜，作用却很强大，可以算是摄影师的必备器材之一。

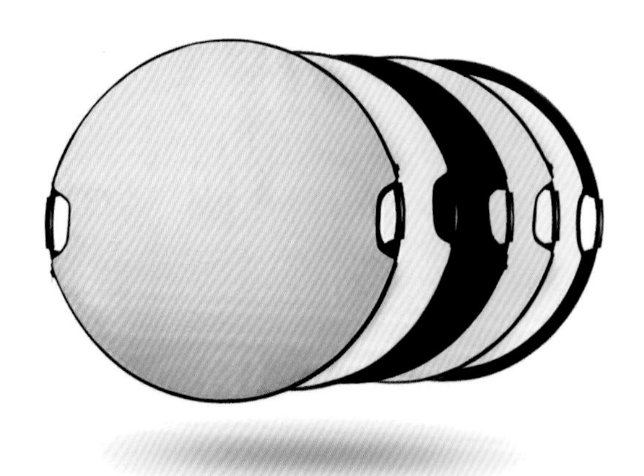

1.3.3 三脚架

三脚架的用途也是很广的，可以架设相机、手机、闪光灯或LED补光灯，有些三脚架还可以临时作为登山杖使用，野营时也可以用于晾晒衣服，挂置背包，架设照明灯具等。

有时我会独自进行拍摄，没有人帮忙，此时我就会利用三脚架。例如，拍摄下面这张照片时，就是将相机架设在三脚架上定时拍摄的。

如今的摄影器材种类繁多，每一种都有优点和缺点。大家应该选择哪些器材，这与每个人的拍摄题材和拍摄风格有很大的关系，器材不在于它有多贵或有多稀有，真正适合你的是那些用起来最得心应手的器材。

生活手札

·

用胶片记录时光历程

胶片，曾经是菲林（film）时代的摄影成像的载体，如今却被数码时代的传感器所取代，而渐渐地远离了大家的视线。现在还在用胶片的大多是一些厌倦了数码摄影而想尝试新鲜事物的摄影爱好者，而专门用胶片拍照的摄影师已经屈指可数了。

到现在还有那么一群拥护胶片的群体存在，大概是因为他们觉得胶片有很多数码所无法匹敌的方面。例如，优秀的颗粒控制或出色的色彩还原度等，这些因素，使某些摄影者认为胶片还有存在的必要。

我有一位摄影班的同学，最近她开始痴迷于胶片摄影，现在她的数码相机已经闲置很久了。当我问她为何会对胶片如此痴迷，她说因为她现在很喜欢胶片的色调和质感，与她现在拍摄的风格、题材都很搭。如果像以前那样用数码相机拍摄，再将照片导入电脑进行后期处理，修出来的照片与她预想的效果会存在偏差。她还说，现在用胶片拍摄时都在很慎重地按下快门，毕竟现在一卷胶片的费用很高，但她很享受拍摄时的过程，有以前用数码相机所没有的乐趣。

对我来说，胶片更像是一个小小的时间胶囊，我曾经按动快门时的记忆都压缩在这个小小的暗盒内。我一年到头也就洗印一两次胶卷，不是因为懒也不是因为没怎么拍，只是想使胶卷里的回忆沉淀得再久一点，最好久到我都快要淡忘了，等我拿到曾经拍过的照片时，也许会惊讶地说："这是我拍的？什么时候的事？哦，我记起来了"。然后再说一句总结性的话"拍的好烂啊！"或"这张还不错。"等话语。渐渐地，我会回想起那时拍摄的心情、想法或当时的天气，以及当时是和谁一起拍摄等。

我觉得这才是胶片对我最重要的意义——大家既无法预知未来，也经常遗忘过去，而胶片就是我用来记录自己走过的路的最好工具。

第02章 生活摄影怎样用好色彩

大家应该都有过这样的经历：在看到别的摄影师拍的照片很吸引人时，都会想到如何才能将自己的照片调成同样的色调。

那么一张好看的摄影作品究竟是靠拍出来的还是靠后期修出来的呢？这个问题其实在本书的前言内容中就已经有所提到了。无论是前期拍摄还是后期调色都是缺一不可的，但大家一定得清楚，前期拍摄是后期调色的基础，在你拍摄时，画面中的颜色成分就已经确定了，后期只能是在此基础上继续深入刻画。这就好比是请了一位顶级的厨师做餐，但你却只给了他质量很差的烹饪工具和食材，那做出来的食物肯定也和自己所想象的有着天壤之别吧。

2.1 什么是黑白灰

说到黑白灰可能就会有人不解：我们明明是要讲色彩构成，为什么要先讲黑白灰的关系呢？其实，黑白灰简单来说就是画面中的整体色调关系，是画面中物体的固有颜色。

我曾经的一位美术老师在油画色彩方面很厉害，但他却有色弱的问题。我们曾经很好奇地问他：“为什么你也能把颜色控制得那么好呢？”他告诉我们：“因为我对画面的黑白灰关系把控得很到位，虽然有色弱，但有了正确的黑白灰关系，画面的色彩也就水到渠成了。”

说到这里，你们应该知道黑白灰对色彩构成的重要性了吧。

2.1.1 玩转黑白灰

一张和谐的照片中，应该既有颜色较深的拍摄对象，也有颜色较浅的拍摄对象，这样才能将黑白灰关系拉开。下图中，1~4属于亮调，5~8属于灰调，9~12属于暗调。

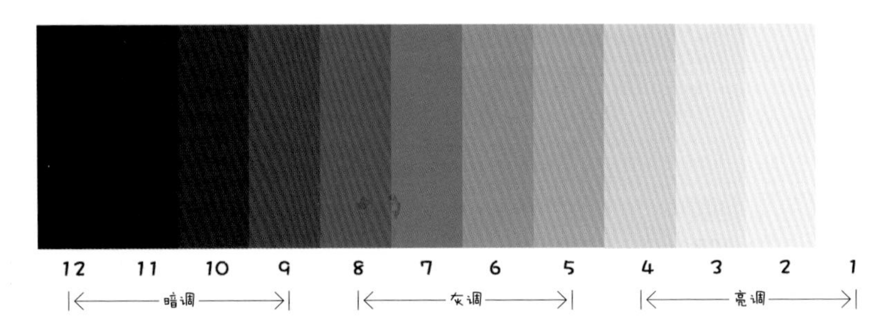

试想一下，一张照片中所有的拍摄对象都是非常暗沉的暗调，或者都是非常亮的亮调，你觉得这样的照片好看吗？当然不好看，因为照片缺乏了黑白灰的层次感。因此，我们在拍摄时一定要注意将黑白灰关系拉开。

▲ 相机、书包和床单颜色都太深，缺乏亮调成分，没有层次感

▲ 画面中物体的颜色都太浅，缺乏暗调成分，同样没有层次感

这时候可能有人会问：“那么按照上面的意思，我们在拍摄小清新感觉的照片时，为了保证黑白灰关系，也应该在画面里添加一些颜色很暗沉的物体吗？”这种理解是错误的，前面提到的黑白灰关系其实只是一种相对关系。

例如，下面第一张图，在画面里汽车的车门框和近处的树干就是画面中的暗调（黑色成分），远处的树干和后视镜上的落叶就是画面里的灰调（灰色成分），后视镜里的天空影像和远处的树叶就是画面的亮调（白色成分）。

▲ 正确的黑白灰关系

再如下图，虽然这张照片整体上属于暗调，但是它同样有明确的黑白灰关系。汽车轮胎的背光面和树木的倒影形成画面的暗调，轮胎的受光面和雨伞形成了灰调，地面和积水形成了亮面。

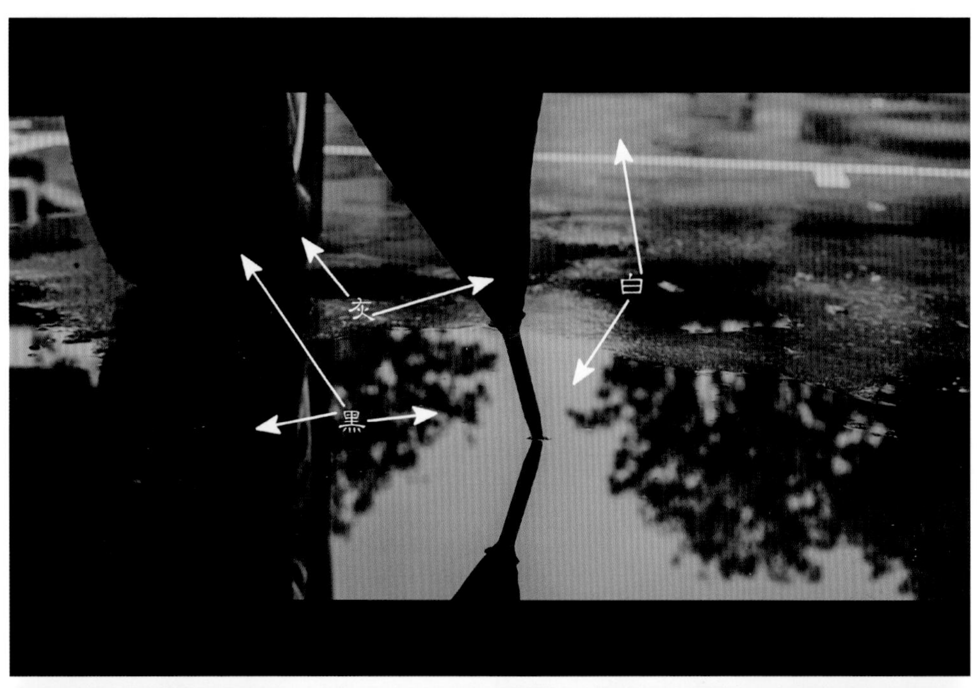

所以，画面的黑白灰关系是相对的，必须由画面的整体色调来决定。

2.1.2 摄影的明与暗

简单地说，画面的明暗关系就是画面中光线照射在物体上形成的亮面、暗面和灰面。一张照片的明暗关系越是强烈；画面的立体感也会越强烈；反之，照片越是缺乏明暗关系，那么画面越缺乏立体感。

和黑白灰关系道理相同，一张和谐的照片，其明暗关系也必须明确。

右图中绝大部分是亮面，有极少的灰面，几乎没有暗面。缺少了画面立体感，这样的照片会使人觉得很空洞。

明暗关系与黑白灰关系一样，都是属于相对的。例如右图，远一点的地面和轮胎的受光面形成亮面，轮胎的轮圈和落叶形成灰面，近一点的地面和轮胎的背光面以及投影部分形成暗面。

▶ 正确的明暗关系

小结

1. 如果你的照片看起来灰蒙蒙的，那么一定是画面的黑白灰关系和明暗关系没有处理到位，试着拉开它们的关系，你的照片效果肯定会变得更好。

▶ 整个画面都太灰，黑白灰和明暗关系不明确

2. 讲完黑白灰关系和明暗关系，大家有没有犯晕呢？是不是有人分不清这两者。其实，大可不必将这些理论上的东西掌握得那么深，只要我们在前期拍摄的时候，注意画面里既要有相对暗的地方也要有相对亮的地方，拍出来的照片不发灰，主体物也有一定的立体感，那么就对了。对黑白灰和明暗关系的学习主要是为了更好地掌握后面讲解的色彩知识。

2.2 色彩的关系

色彩的基本要素包括色相、纯度、明度、冷暖等，这些要素决定了画面的色彩面貌。日常中我们所观察到的色彩都具备这些要素，通过它们的不同形式的变化形成了丰富的色彩关系。

2.2.1 明度

简单地说，明度可以理解为颜色的亮度，不同的颜色具有不同的明度。例如，黄色就比红色的明度高。在各种颜色中，黄色的明度最高，紫色的明度最低，绿、红、蓝、橙的明度相近，为中间明度。

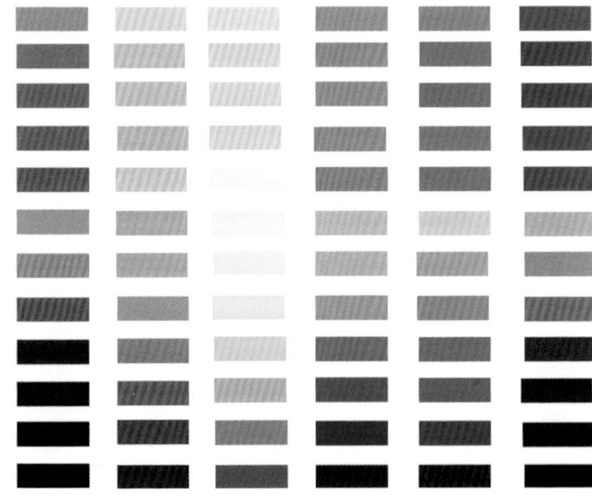

▲ 各颜色明度对比

▲ 同一张图，明度的变化情况对比

▲ 高明度的照片

▲ 低明度的照片

在拍摄清新色调的照片时，一定要选择物体明度较高的拍摄对象，也就是我们通常说的物体颜色比较亮，拍摄这一类的东西很容易拍出清新的感觉。相反地，如果你拍摄一些明度较低的物体，即使很努力地进行后期处理，也很难修出日系小清新的效果。

2.2.2 饱和度

简单地说，饱和度是指色彩的鲜艳程度，也称色彩的纯度。饱和度取决于该颜色中含色成分和灰色的比例。含色成分越多，饱和度越高；灰色越少，饱和度越低。

▲ 同一张照片，不同饱和度的变化对比

在拍摄清新类照片时，我们常用到的是较低的饱和度，以去体现一种柔美、宁静的感觉。当然，有时候我们会用到比较高的饱和度去拍摄，这个完全视画面情况而定。

▲ 较低的饱和度

▲ 较高的饱和度

纯色系和灰色系：纯色系就是饱和度特别高，颜色特别艳丽，不含或较少掺杂灰色的颜色群。而灰色系就是饱和度比较低，颜色不是特别艳丽，掺杂的灰色较多的颜色群。

灰 色 系

纯 色 系

不难发现，我们在拍摄清新类照片最主要用到的颜色几乎都分布在灰色系之中，所以我们一定要记住灰色系里的颜色到底有哪些。如果你能做到对灰色系的颜色很敏感，在生活中能很快发现哪些物体的颜色是可以拍出日系小清新的，那么你离成功更近了一步。

2.2.3 色相

简单地说，色相就是颜色的相貌。色相是色彩的首要特征，是区别各种不同色彩的最准确的标准。自然界中各个不同的色相是无限丰富的，如橙黄、洋红、青绿等。

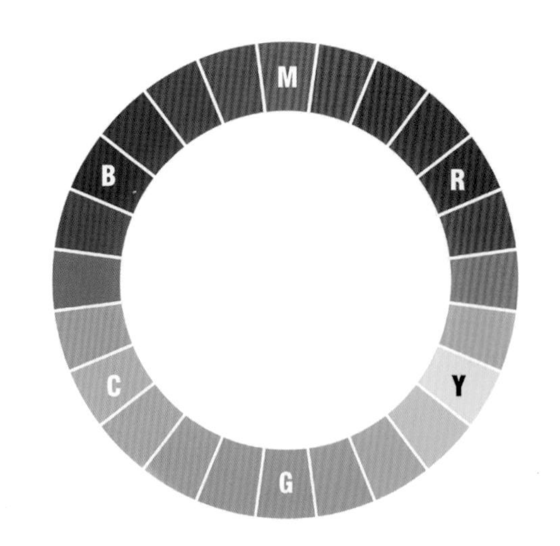

► 24色色相环包含了一些我们常见的颜色

▲ 同一张照片不同色相的对比

对于清新类生活摄影在后期时要保持一定的画面真实性，所以不建议后期时的色相变动太大，否则容易丢失画面的真实感。

2.2.4 颜色的冷暖

大家对颜色的冷暖感受主要是色彩对视觉的作用使人产生的主观感受。色彩本身是没有冷暖区别的，不同的色彩对人的感官产生不同作用，在每个人心理上引起冷暖的相应反应与感觉。

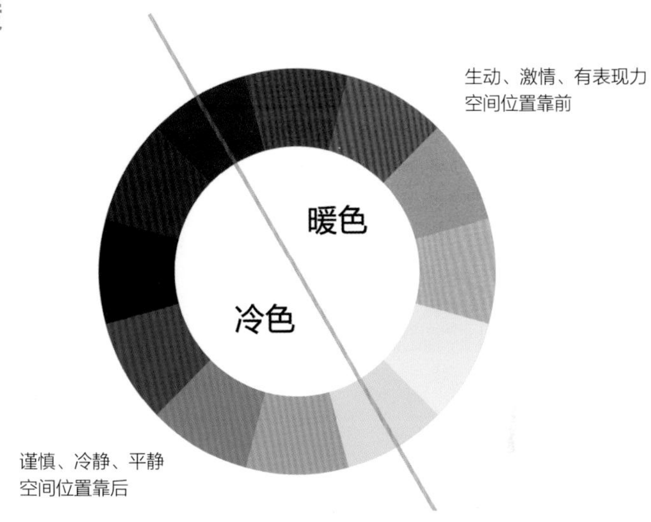

说到某一种颜色，大家都会先想到什么东西或什么词语呢？下面是一些关于颜色的联想。

红色：温暖、炙热，喜庆。

橙色：谷物、幸福，日出和日落。

黄色：秋天、麦子，愉悦。

绿色：夏天、树叶，新鲜。

蓝色：海洋、天空，平静。

紫色：薰衣草、紫罗兰，神秘。

▲ 冷色系照片

▲ 暖色系照片

我们在生活摄影中应该如何用好颜色的冷暖呢？

首先，确定一张照片应该用冷色调还是暖色调，其最关键的因素是主体物本身的色相问题。试想一下，如果硬要让你将一张黄色树叶的照片修成冷色调，你觉得画面会和谐吗？所以，决定画面冷暖的关键在于主体物的色相。

其次，画面冷暖调性对观者的感受有一定影响。例如，在夏天的时候，你拍了一组以红色为主色调的照片和一组以蓝色为主色调的照片，观者大多更喜欢后者。所以，我们在发布自己的照片时应该考虑一下观者对色彩的感受。

通过不同的冷暖调性，可以反映出画面的情绪和氛围。一般来说，冷色调的氛围更偏向安静、舒适、干净、清澈；而暖色调更偏向于热烈、激情、温暖。因此，如果我们先确定好了要拍摄出什么样的氛围，大体上也就确定了颜色的冷暖调性。

摄影小尝试

分别拍摄一组暖色调和冷色调的照片，要求具备高明度和较低的饱和度。

2.3 色彩的和谐

2.3.1 关于色相环

在前面我们提到了色相环，可能有人会觉得色相环就是将一些颜色归纳到一个环形图上。其实，色相环的作用还远不止这些。

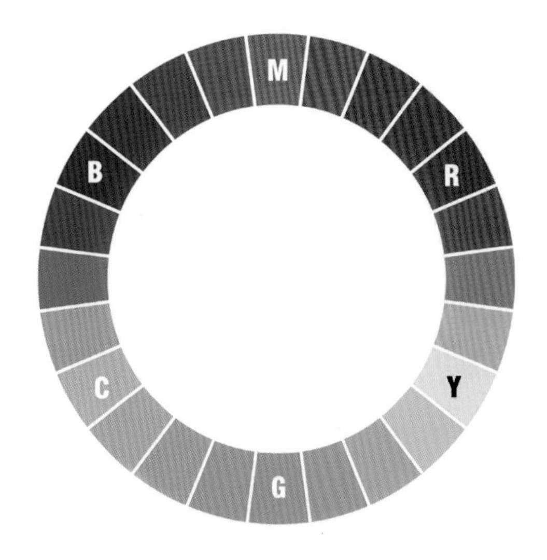

1. 相邻色

在相邻色中又分为邻近色和类似色两类。

邻近色就是指相邻之间的色系。例如，绿色色系的邻近色是蓝色和黄色。

而类似色则是指同色系中的相临近的颜色。例如，绿色中的各个相邻的绿色，其中黄绿和蓝绿，就是类似色。一个画面中，类似色越多，画面的色彩层次也越丰富，所以应尽量丰富画面里的类似色。

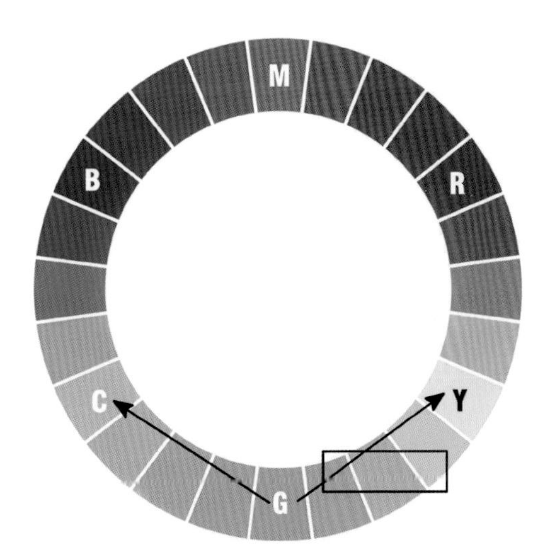

▶ 图中箭头符号所表示的是绿色的邻近色，方框圈出来的是绿色的类似色

◀ 背景中黄色的花与绿叶互为邻近色，不同的绿叶颜色互为类似色

◀ 天空的蓝色和草原的绿色互为邻近色，天空的不同位置的蓝色互为类似色

2. 互补色

互补色是指两种颜色以适当比例混合而能产生白色，则这两种颜色称为互补色。常见的互补色为红色与绿色互补，蓝色与橙色互补，紫色与黄色互补。

▲ 天空、海洋的蓝色，与饮料、吸管的橙色互补

在色相环上反映为：某种颜色对面的颜色，就是这个颜色的互补色。例如，下图中色相环上红色对面的颜色就是绿色。

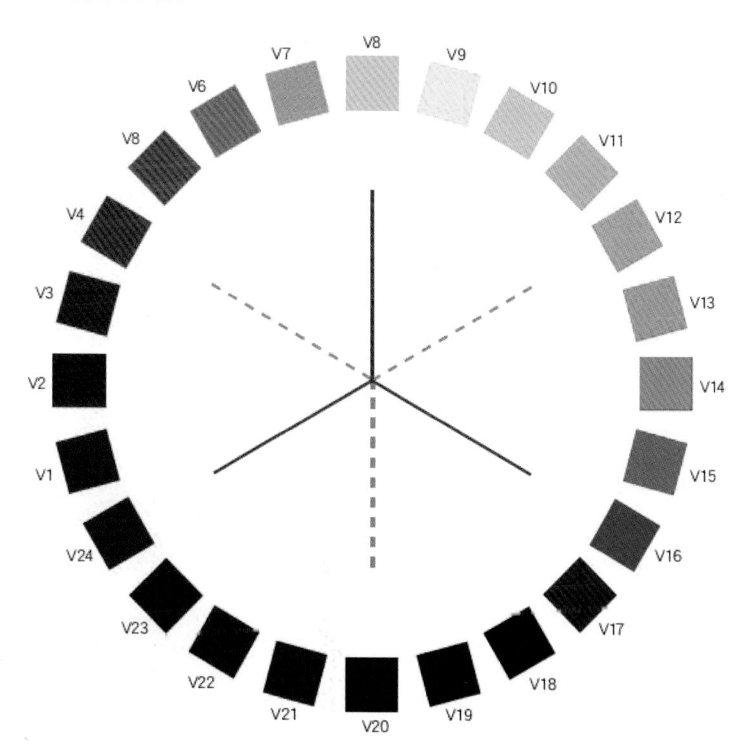

我们利用互补色来拍照时，会显得画面色彩更艳丽。例如，红绿互补时，红色更红，绿色更绿；黑白互补时，黑色更加黑，白色更加白。

因此，互补色的作用就在于拉开画面的对比度，同时也能增加画面的空间感，表现出一种力量感，使画面充满活力，也加强了画面的视觉冲击力。

▲ 红色与绿色互补

▲ 红色与绿色互补

2.3.2 色彩选择

讲了这么多关于色彩的知识，那么在拍摄清新类生活摄影时究竟应该用到哪些颜色呢？不要着急，我们从下面的一些照片中慢慢寻找答案。

绿色系可以说是大自然中最具有代表性的色系，也是生活摄影中最不能缺少的一种色系。

蓝色系，是最纯净的颜色之一，可以增强画面的安静、沉稳、广阔的氛围。蓝色系也是日系摄影中最常用到的色系之一。

黄色系，是所有颜色中最醒目的颜色，也是小清新色调的主角之一。但不知道是我个人的原因还是这种颜色的属性问题，如果我看到某张照片几乎只有黄色成分，我会感觉画面没有透气感，看久了会令人不适，所以我在拍摄黄色系为主的照片时，经常会在画面中适当增加其他颜色的比重。

因为黄色是最醒目的颜色，所以画面中的黄色成分往往会成为画面的视觉中心。

白色，纯洁而干净，是所有颜色中明度最高的颜色，正是因为它的高明度，所以也是日系摄影中的“常客”。另外，白色几乎可以与任何颜色搭配。

在黑白灰3种颜色中，白色是最能给人小清新的感觉的，其次是灰色。和白色相反，黑色则会给人一种压迫感。

以下两张照片分别是一只白猫和一只黑猫，两张照片的光线情况以及周围环境都差不多，但很明显白猫看起来清新许多，黑猫的照片会令人有点压抑。

▲ 图片源自于互联网

小结

说了这么多，我们在拍摄清新类的生活摄影时主要运用到的色系就是绿色系、蓝色系、黄色系和白色。那么是不是其他的颜色就不应该出现了呢？并不是这样的，在拍摄时遇到画面中有一些比较杂的颜色的情况是在所难免的，我们应尽量减少那些不太“友好”的颜色在画面中所占的比重。前面提到的这几种色系只是我们在拍摄时最应该使用到的颜色，并非在拍摄时只能用这几种颜色。

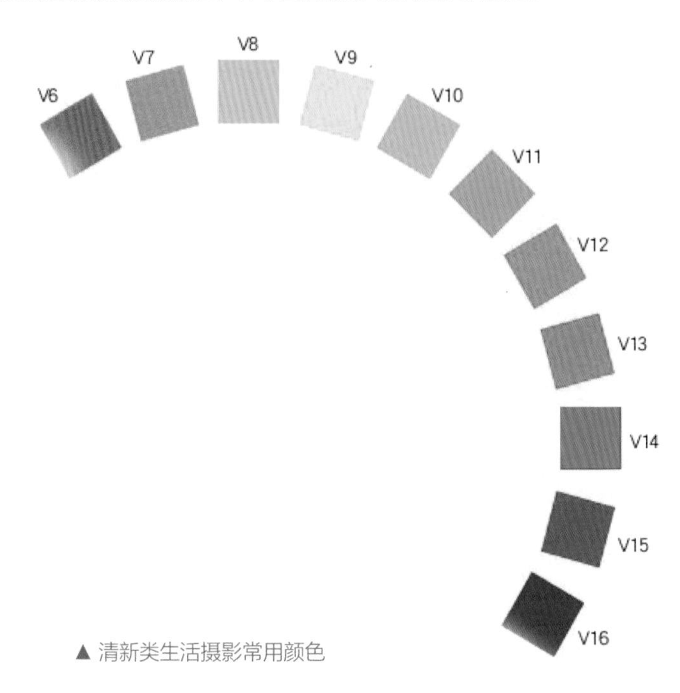

▲ 清新类生活摄影常用颜色

2.3.3 相邻色系之间的搭配

一张好的照片除了前面提到的色彩选择之外，很好地搭配画面中的颜色也是很重要的。就像服装搭配一样，也许你的每一件衣服的颜色都很好看，但如果你胡乱地搭配起来，可能效果并不好，甚至会很滑稽。

那么，我们在拍摄时应该怎样合理地搭配色彩呢？首先我们说说相邻色系的搭配。

对于相邻色系的搭配只要注意以下几点即可。

1. 相邻色系数量的选择

如果一张照片所包含的色系太多，就会看着很繁杂，画面不够简明、干净。而如果照片中的色系太少，也会使人看着太过单调、乏味。所以我们最好将画面中的色系限制在2~4种。

下面的一些照片的右边颜色条表示了这张照片所包含的一些主要颜色。

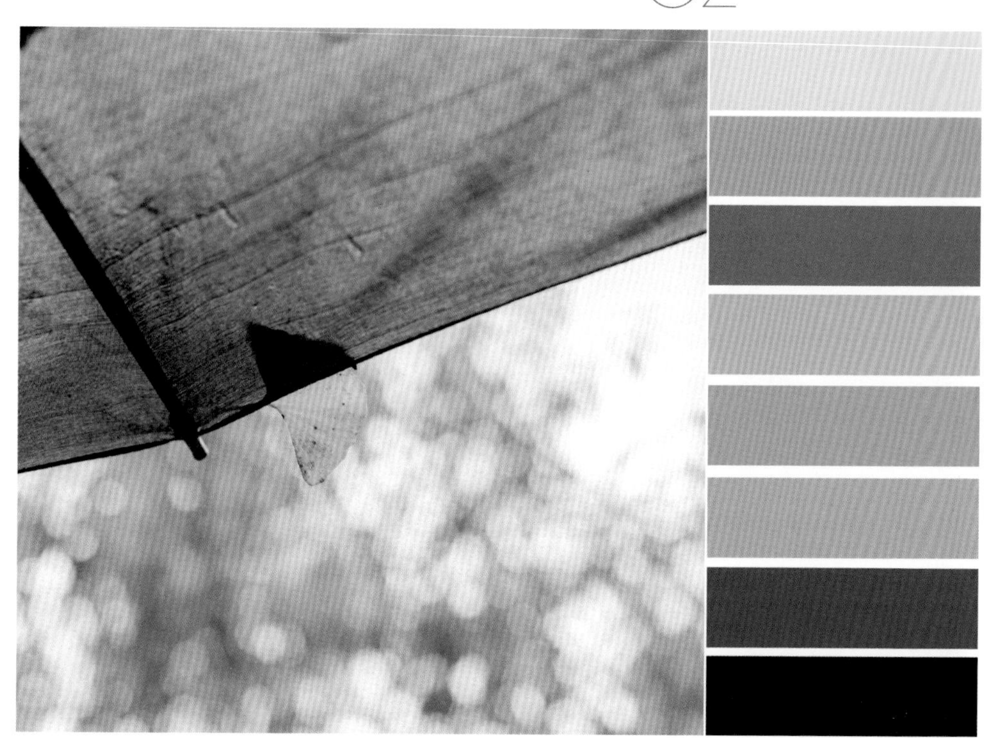

▲ 黄色系 + 绿色系 + 蓝色系 = 3种色系

▲ 绿色系 + 白色 = 两种色系

▲ 蓝色系 + 白色 + 绿色 = 3种色系

▲ 黄色系 + 蓝色系 + 绿色系 = 3种色系

2. 单一色系

前面说过，如果画面中基本上只有一种色系，那么看上去会比较单调。但是如果你能够几乎只用一种色系就拍摄出有较强层次感的画面（类似色足够丰富），那么这也是一张不错的作品。

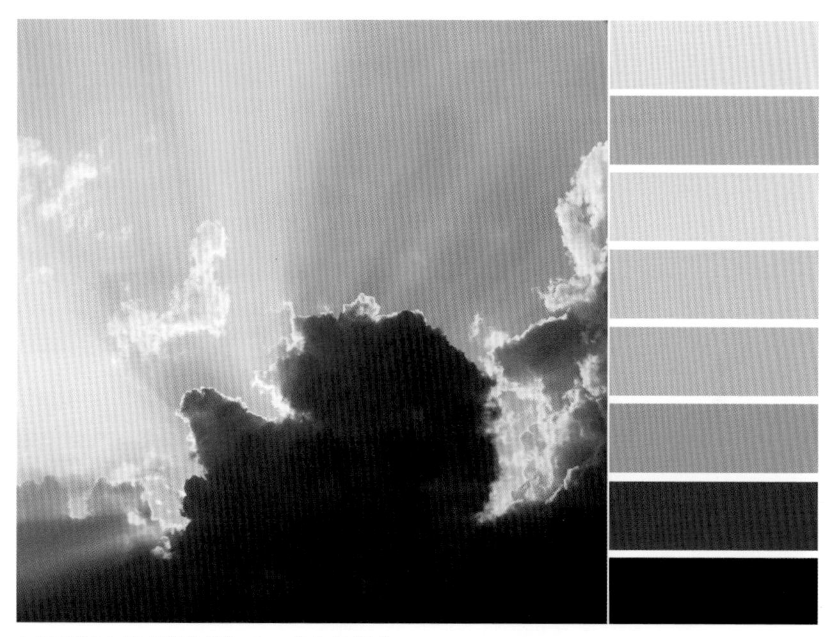

▲ 画面基本是由蓝色系加上一点白色组成

▲ 由绿色系和一点白色组成

3. 色系的主次关系

如果一张照片中存在几种不同的色系，一定要分出各个色系的主次关系。如下图所示，图中的菊花（黄色系）和背景的天空（白色）所占的画面比重都很小，而草地（绿色系）则占了很大的画面比重。

下面的一些照片，每张照片的下方是这张照片中每种颜色所占的画面比重示意图，占比重越大的颜色其条幅越长。

2.3.4 互补颜色之间的搭配

在前面我们介绍了互补色的一些基础知识和互补色对画面的一些作用。其实，我们在拍摄清新类生活摄影时，能运用到互补色来搭配的机会是比较少的。大家现在都知道，互补色的搭配会使我们的画面增加视觉冲击力，显得画面很有气势，而日系摄影中所追求的是安静、舒适的氛围。所以，在日系摄影里面很少会出现很强烈的互补色对比的照片。

讲到这里，也许有的人会想：既然学了又不用，那为什么还要学？其实，在日系摄影里我们为了表现出有活力的照片时，是可以适当使用互补色的。

只要我们按照以下几点就能搭配出好看的互补色照片。

1. 拍摄有较低饱和度的物体

在拍摄互补色时选择互补色饱和度较低的拍摄物，或者在后期时降低互补色的饱和度。

2. 用好前进色与后退色

前进色和后退色是指在同一平面内，多种不同的颜色产生的视觉差异。前进色会使人感觉颜色更靠前，更往外面凸出，如红色和黄色；后退色则会使人感觉颜色更靠后，更往里面凹陷，如蓝色和绿色。要想将画面拍出空间感，用好前进色和后退色是很重要的一步。

◀ 看图中的大小方块，你觉得哪个颜色的视觉效果是在向外凸，哪个颜色的视觉效果是在向里凹

3. 视觉中心

如果画面中的互补色其中一种颜色比重较小，那么较小的颜色就会成为画面的视觉中心颜色。例如，红色和绿色同时在画面中，红色占的比重较小，那么红色就成了画面的视觉中心颜色。

◀ 这张照片你最先看见的是什么？西瓜还是风扇？我想应该是西瓜吧

▶ 观察右边这张照片，首先我们会看到照片中的蜻蜓，然后视线才会转移到其他地方

本章总结

本章讲了这么多的色彩知识，其实只能算是色彩这一学问的入门知识罢了，我所讲的内容也主要是针对生活摄影。本章可以算是全书最重要的内容，如果大家能掌握色彩这一环节的话，就可以极大地提升摄影水平。

有些人可能会想：这一章讲了这么多的色彩知识，但我觉得生活中很多东西都不符合色彩理论知识，现在看来我能拍的东西变少了很多。其实，大家千万不要有这种想法，色彩理论只是为了使你能更好地掌控画面，遇到好的画面可以拍摄得更加出色，千万不要被理论蒙蔽了双眼，也不要失去了按下快门的勇气。

所以，大家带着学到的知识像一个孩子一样去尽情地拍照吧。

摄影小尝试

1. 拍摄一组相邻颜色的生活摄影。
2. 拍摄一组互补颜色的生活摄影。

注意：颜色数量和颜色种类的选择。

生活手札·做生活里的诗人

最近有些朋友对我诉苦，认为自己学摄影也有很长的一段时间了，但拍出来的照片却没什么进步，自己都有点心灰意冷了，想问我怎样才能提升摄影水平。

如果在以前，我肯定会告诉他们多去拍照，多去学习摄影知识，这样肯定会慢慢地有所进步的。但真的有这么简单吗？现在我渐渐发现，除了摄影技术之外还有一个更关键的因素——个人的欣赏水平。

欣赏水平在很大程度上决定着一个人的摄影水平的高低，因此有些人可以在短短几个月或一两年里突飞猛进，从一个摄影“小白”蜕变成知名的摄影师，而有些拍了好多年的摄影师，虽然懂得很多摄影知识，却不见拍出几张不错的照片。有人可能会说：“那些摄影‘小白’的蜕变是因为他们天赋好。”我不排除这方面的原因，但我所接触到的这一类人很多都是在学习摄影以前就有着很高的欣赏水平了，在学到了摄影技术后，能很快地通过摄影的形式将他们的欣赏水平表现出来。

“你可以花上几年的时间去培养一位摄影师，但不如直接把相机交给一位诗人。”如果在一两年前，也许我还不能懂得智利的摄影师Sergio Larrain的这句话的真正含义。摄影就是这样一门综合性很强的学问，我们仅仅抓住对摄影知识的积累只会走向迷途，难以进步。

用心过好生活吧，这是提升自我欣赏水平最好的方法。我们在生活中见过的风景，接触过的人，看过的书和电影，走过的路，在你生活中发生的一切都会潜移默化地影响着你的欣赏水平。而欣赏水平却又不是一朝一夕就能积累起来的，没有哪一本书，也没有哪一个人能使你在短时间内得到提升。

如果你在摄影学习上遇到了阻碍，首先可以试着通过摄影技术的提升来解决。如果不行，那我建议你先暂时放下相机。解决问题的方法可能就藏在你的生活里，做一些自己以前没有做过的新鲜事，看一些和自己以往所选择的风格不太相同的电影或小说，计划一次长途旅行……总之，做一些能使你的生活变得更加精彩的事情就对了。可能你在突破阻碍上会耗费很长的时间，也许会是半年或一年，甚至是两年，但请先沉住气，因为在突破阻碍后你的作品将会有一个质的改变。

第03章 简单生活，简单构图

在第2章中我们学习了如何在生活摄影中运用色彩，如果你已经掌握了上一章的内容并按照“摄影小尝试”拍摄了照片，那么你现在拍到的照片应该比以前的好了不少吧。但我们只靠色彩的把控还是远远不够的，本章讲解的构图技巧也是非常重要的一环。

构图就是为了将拍摄者所要表达的东西通过一些方式去强调，突出出来，并将另一些烦琐的东西舍弃掉的过程。

“我们不能像画家一样创造形状，但我们的目标是一致的：简化它，使它清晰易见。”

3.1 点线面构图

我们从小就知道“两点能连成一条线，三个及以上的点能形成面。”这个道理，那么我们在摄影中应该如何应用好“点线面”的原理呢？

3.1.1 点构图

点是画面里最基本的元素，点构图中的点并不是指真正的点，画面中的一个较小的元素都可以称为点。在同一个画面中可以同时出现很多个点，也可以只出现一个单独的点。

▲ 一片叶子成为画面里单独的一个点

▲ 金鱼成为画面里单独的一个点

▲ 画面里的两只牛形成画面里的两个点，而且画面里的点也有大小之分，右边黑牛这个点稍大些，左边黄牛稍微小一些

▲ 照片中下方的3颗糖果和最左边的一颗糖果组成了画面的4个点，而中间的一堆糖果组成了一个面

相比于多个点的构图，单个点的构图方式更能体现画面的安静和孤单感，甚至是悲伤、忧郁的氛围，并且能使观者一眼就能看见你画面里的主体物。

总体来说，点构图的照片更能显得自由，不受约束，画面也更轻柔、飘逸。基于点构图以上的“性格”特点，它在日系摄影中是一种常被用到的构图手法。

3.1.2 线性构图

线是连接万事万物的纽带，我们可以将线分为直线和曲线两种类型。一般来讲，直线能给人以有力、稳定的感觉；而曲线则给人以柔软、舒适的感觉。

▲ 绑在棍子上的彩带可以看作是一条曲线，棍子可以看作一条直线

▲ 猫的尾巴也可以看作是一条曲线，比起直直的尾巴，弯曲的尾巴会使人看着舒服，所联想到的猫咪形象也会更可爱

▲ 树干可以看作是一条直线，这个角度使树木看起来更茂盛，根基也更牢固

▲ 贯穿画面的直线使大桥和路面显得更稳固、更有力量感

结合上面的图例以及前面提到的直线与曲线“性格”区别，我们不难看出，曲线更符合日系摄影对柔美画面的需求。直线的力量感会破坏画面的柔和感。

那么是不是在生活摄影中就不能用直线构图了呢？其实也不是的，对于那种纵深感不是太强烈的，或画面中直线比较短的画面也是可以使用的。如下图所示，我在后期时就有意裁掉了大部分的直线部分，降低画面的纵深感。

3.1.3 面构图

说到面构图，我们就不得不将其与刚才提到的点构图做一个比较了。点和面之间其实是一个相对关系，二者并没有绝对的区别，用文字来讲太过复杂也很枯燥，我们一起来看看下面的图片吧，你就能马上知道二者的区别了。

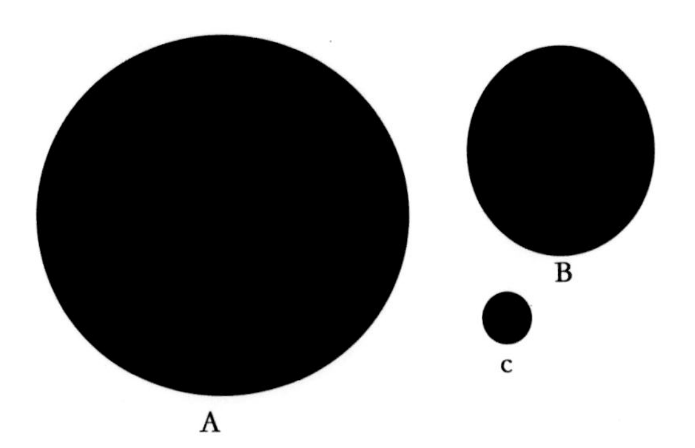

▲ A与B比较，A就是面，B就是点；B与C比较，B就是面，C就是点

与点构图不同的是，面构图的照片稳定性和重量感都要强烈一些。

◀ 桌子上的书可以看作画面上的一个面，而三棱镜反射的光线可以看成一个点

◀ 树林可以看作画面里的一个面

◀ 容器里的花形成面，落在桌上的花形成点

◀ 颜料盒可以看成一个面，每一种不同的颜料可以看作一个个的点

3.2 生活摄影最常规构图法

3.2.1 九宫格构图法

九宫格构图法可能是大家最常见到的一种构图手法了，在现在的大部分手机或相机中都内置了这样的网格，即使是摄影“小白”也能轻松使用。

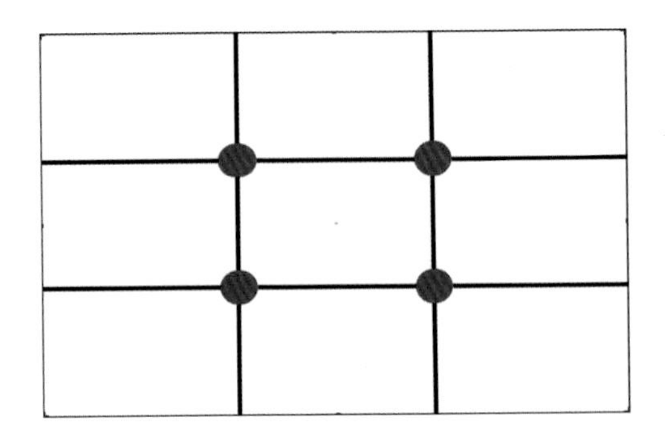

通常情况下，我们在使用九宫格构图法时，会将画面的主体物置于分割点上，这样的好处在于能马上吸引观者的注意，使观者很快找到画面上的主体物。

▲ 主体物置于4个点上的照片

但这并不代表没有将主体物置于分割点上构图就是失败的，我们将主体物放在4条线上也是可以的，画面同样很和谐、美观，只是吸引观者注意的能力会稍微差一些。

▲ 主体物置于线上的照片

3.2.2 三角形构图

不知道当初大家在小学的数学课里有没有做过这样一个实验：将4根木条用钉子钉成一个四边形木架，扭动它，发现它无法固定住；再把3根木条用钉子钉成一个三角形木架，然后扭动它，发现它是固定不动的。

通过这个实验我们知道了三角形具有稳定、坚固、耐压的特点，在我们的日常生活中三角形的应用是无处不在的，从埃及的金字塔到三角形屋顶，大到起重机小到自行车。三角形的应用也大量地存在于我们的摄影之中。

在三角形构图中我们又可以将三角形分为正立的三角形、倒三角形及斜三角形这三类。其中正立的三角形的构图可以给人稳定、踏实、安静的感觉；而倒三角形恰恰相反，给人缺乏稳定但又很灵活的感觉，多用于体育类摄影；斜三角形位于二者之间，它既能体现出画面的稳定、和谐又能显示出一些动感。

斜三角形和正立的三角形是我们最常用到的两种三角形构图法。

▲ 正立的三角形构图

▲ 斜三角形构图

其实我们人的身体是很容易产生三角形构图的，无论是手部或腿部还是整个身体，都可以很轻松地做出不同的三角形构图。

3.2.3 画面分层

大家应该都听说过要拍好一张照片就要有前景、中景和背景。但至于为什么要有这3种元素，可能知道的人就不多了吧。

▲ 画面分层

画面上的前景、中景和背景是为了增强照片中的层次感而存在的。文字描述终究难以理解，我们还是通过一组照片对比来了解一下前景、中景和背景的重要性吧。

▲ 只有中景

▲ 有中景和背景

▲ 前景、中景和背景都有

看完了上面的照片，现在你应该能理解我们在拍摄时为什么要注意图像的分层了吧。但这个时候可能有朋友会走入另一个误区：在拍摄每一张照片时都要有明确的前景、中景和背景。这样的认识是绝对错误的。试想一下，如果你所在的拍摄环境非常杂乱，你却非要一意孤行地将乱糟糟的背景拍下来，那么你的照片肯定不好看。再比如，你为了在构图上既有前景又有中景和背景而忽视画面的被摄物数量或拍摄到的颜色数量，虽然你坚持了图像分层的理论却没有获得好的作品。

▲ 左图中的背景过于杂乱，而我们换个角度后，虽然背景比较空，但相比之下右图画面干净了很多

我们在拍摄时，如果能拍到前景、中景和背景当然是最好的，但如果拍不到也千万别生搬硬套。我们在日常拍摄中，能有前景、中景和背景这3种景别中的两种景别，就能得到一个不错的画面了。

▲ 只有两种景别的照片

▲ 只有两种景别的照片

如果你能将色彩环节把控得很到位，那么即使照片中基本只有一个景别也同样能拍出不错的层次感来。

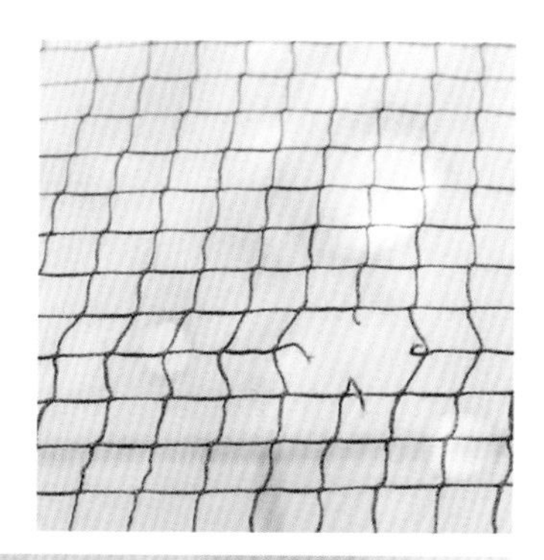

▲ 只有一种景别的照片

3.3 日系摄影常用的构图方法

我们前面提到的构图方法都是摄影中最基础、最通用的一些方式，在很多题材的摄影里都可以用到，并不局限于日系摄影一种。

接下来我们要介绍的一些构图方法可以算是日系摄影中最为重要的构图方法。

3.3.1 使画面会呼吸——留白

经常有朋友问我："为什么你拍出来的照片原片都很干净，但我总是拍不出来这样的照片呢？"其实一方面是因为我在前期将色彩环节把控到位了，另一方面就在于我的照片绝大部分都很"空"。这里所说的"空"就是指画面里有大量的留白。

留白源于我国的国画，是国画重要的表现手法之一，后被广泛应用于陶艺、插花等各领域。

那么日系摄影中的留白究竟是怎样的呢？简单来说就是在被摄主体物之外，用大面积的相邻色调作为背景。

◀ 照片中除了灯塔和一部分山以外，给天空留出大面积的空白

▲ 除了人以外，远处的山和天空都成了留白部分

▲ 除了人以外，沙滩和海浪都是画面里的留白

与绘画不同，日系摄影中的大量留白并不代表着要留出一片空白，而是要在拍出层次感的前提下留出空间。简单地说，摄影里的留白要注重“空而有味”。所谓的“空气感写真”很大程度上就是指“留白”效果作品。

▲ 天空完全过度曝光，一片空白，没有任何的细节和层次感，这样的“留白”并不可取

▲ 天空保留了细节和白云的颜色，这样的“留白”才是正确的

留白的作用不仅仅在于使画面保持干净，还可以营造日系摄影中所强调的宁静的氛围。

3.3.2 非完整映像

非完整映像是指在拍摄时有意将主要被拍摄物部分舍去，其目的是更凸显画面中的主体物。

这种构图的好处一是能为观者留下一定的自行想象空间，让观者不仅仅停留在用眼睛看的阶段，更能使大脑动起来；二是非完整映像更能反映出被摄主体的重点，能让观者一下抓住拍摄者最想要表达的内容；三是非完整映像的照片有很强的情绪烘托感，无论你的照片是想表达忧郁、悲伤、愉悦或安静的氛围，非完整映像的构图都可以有效地为画面营造氛围。

▶ 这张照片主要想表达猫咪玩树叶这一动作，但如果将整只猫都拍下来反而会使观者难以在第一时间找到画面的趣味点

◀ 这张照片能让人一眼看出拍摄者主要想表达秋雨和落叶，但如果拍下整个汽车，观者反而不清楚拍摄者主要想表达的内容

值得一提的是，非完整映像并不局限于生活摄影之中，在人像摄影领域也是经常被用到的。这里我们不讨论专业的人像摄影，我们只说说在生活摄影中遇到的一些人像拍摄问题。

周末里，大家是不是经常会邀上几个朋友一起去郊游呢？在郊游的时候作为摄影爱好者的你应该都会帮自己的朋友拍拍照吧，但可能是因为朋友颜值不够或者是朋友太腼腆不愿意上镜，你拍出来的照片始终不太满意，那么这时候你就应该换一种方式，用非完整映像构图是再好不过的了，拍摄朋友身体最好看的一些部位，既可以避免颜值低带来的困扰，同时也因为不会拍到完整的脸，会使得照片有意境。

3.3.3 制造梦幻效果——焦外成像

焦外成像一般出现在景深较浅（光圈较大）的摄影成像中，在景深以外的地方，形成一片松散模糊的效果。

看了上面的照片，是不是挺梦幻的？那么我们就来讲一讲这种效果是怎样拍出来的吧。

1. 用好大光圈

获得好的焦外成像效果可以有两种方法：一种是光圈开至最大，这种焦外成像一般来讲都呈现圆形或椭圆形，每一款镜头的焦外成像形状会稍有不同；另外一种就是通过镜头里光圈叶片数量和形状决定拍出来的焦外成像形状。第一种操作很简单，将光圈开至最大就行，下面主要介绍的是第二种焦外成像的操作方法。

▲ 光圈开至最大时的焦外成像效果

▲ 光圈稍大时的焦外成像效果

我们用的每一种镜头能产生最好看的焦外成像的光圈都是有所不同的，有的是f / 1.6，有的是f / 2.0等，但无一例外的是所有的镜头都必须用较大的光圈才能拍出来。

如果你不清楚自己的镜头以哪些光圈值能拍出最好的焦外成像效果，那么你可以找个合适的环境，在相同位置，从最大光圈开始，逐渐减小光圈值，每一种光圈值都试一试，记下能产生最好看的焦外成像的光圈值范围，以后想拍焦外成像就可以用这个范围内的光圈值去拍摄。

f / 1.4

f / 2.0

f / 2.5

f / 3.2

f / 4.5

f / 7.1

f / 13

f / 22

▲ 上面的图例中，焦外成像效果最好的光圈范围在f / 2.0~f / 3.2。当然，光圈开至最大也有别样的效果

2. 靠近被摄物体

在拍摄时，相机离被摄物体越近，越能拍出很大、很好看的焦外成像。反之，当相机离得越远，焦外成像越小。

3. 找到合适的背景

找到合适的背景也是很重要的。如果我们在拍摄时既用了较大的光圈，也靠近了被摄物体，但依旧拍不出理想的焦外成像，那很有可能就是你没用找到合适的背景。那么怎样的背景才能拍得好看呢?

一般来说，背景本身的光线不能太强更不能太弱，一般是以小点的形式出现在画面中的。例如，马路上的一排排路灯或树叶之间的小缝隙。

与路灯相比，要想将树冠拍出迷人的焦外成像会相对难一点，因为相同的路灯照射出来的光线强度一样，而树叶之间的缝隙大小都不同，缝隙太大或是密不透风都会拍不出好看的焦外成像，就像下面的图片一样。

▲ 背景中的树叶过于松散

▲ 背景中的树叶过于密集

▲ 疏密程度刚好

4. DIY制作焦外成像形状

上面的图片是否会令人觉得有趣呢？是的，焦外成像的形状是可以由你改变的，那么究竟要怎样制作出不同的焦外成像呢？

我们需要的工具有：黑卡纸、剪刀、美工刀、铅笔、圆规和直尺。

首先，我们要用直尺量出你所用的相机镜头的滤镜直径和镜头光圈直径。

然后我们用圆规在黑卡纸上按镜头滤镜直径画出一些圆形，并在这些圆形中以镜头光圈直径画出同心圆形。接着在这些小一些的圆形的中心位置画出自己喜欢的形状并用剪刀剪出来。

将各个大的圆形剪出来，如下图所示，用胶布粘在镜头前使用。这样利用大光圈值即可拍摄出相应形状的焦外成像效果。

3.3.4 发现不寻常的视角——动物视角

试想一下，在同一个场景中，有一位行走的路人和一只小猫以及一只蝴蝶，三者都看见同一朵花，以我们人类的眼光来看，你们觉得这三者所看到的同一朵花的视角哪一个会更吸引我们?

答案不言而喻，动物的视角对于人类来讲是独特的，正是因为这种独特性才会吸引我们的注意。

其实，我所说的猫咪视角在摄影中就是指低角度拍摄；而蝴蝶视角并不是单纯指拍摄微距，而是指观察生活细节的能力。

说到观察细节，有些人经常抱怨说：“我住的城市根本没什么可拍的。”对于这样的抱怨，我会问他们：“你真的有认真观察过你住的地方吗？”其实生活中的细节处处都充满着拍摄题材，只等着你去发现它们，多去留意、观察，那些汽车上的落叶或球场上破了的球网，每一样都能成为你的拍摄对象。

▲ 猫咪视角

所以，我们在拍摄时多转换一下视角吧，将自己想象成一只猫、一只蝴蝶等，找寻那些不太寻常的视角，如果你做到了，那么你的作品就会变得与众不同。

▲ 蝴蝶视角

关于低角度拍摄，偶尔有朋友会问我：“你在大街上拍一些低角度的照片，蹲着或者趴在地上拍照不会很尴尬吗？毕竟街上那么多人会看着你。”其实我和很多人一样，刚开始走在大街上遇到好看的东西也会不好意思去拍，总觉得在拍照时被路过的人看着会令自己很难为情，曾经还因为不好意思在大街上拿起相机拍照而错过了一些好的画面，过后我很后悔当时没大胆地拿起相机。但随着时间久了，拍多了，可能“脸皮”也跟着变厚了吧，现在我几乎不再理会路人的目光，会专心拍好我想要的画面。说了这么多，就是希望通过我自己的经历告诉大家，在生活中不要因为在乎他人的目光而错失好的画面，也不要觉得为了拍照在大街上趴在地上或者摆出可笑的姿势很难为情，要知道那些稍纵即逝的画面是弥足珍贵的。

摄影小尝试

用这一章所讲的留白、非完整映像、低角度等构图知识，拍摄一组有生活细节的照片。

3.4 现实与梦境的交界——打破构图的枷锁

在本章中我们学到了很多种构图的方法，如果你也按照“摄影小尝试”的内容拍了照片，那现在你应该基本掌握了这些构图技巧。

那么在我们真正掌握构图知识后就要试着去打破构图的限制。我们在拍照时一定记住，构图并非唯一，它只是为了画面服务的，千万不要将构图神化。

我希望大家在拍摄时做到“无构图”，这里所说的“无构图”并不是叫你完全地抛弃构图，而是说抛弃那些令你的画面呆板的、不协调的构图，使你的作品更贴近真实、贴近生活。

我在日常拍摄时就很少会刻意注重应该怎样构图，而是会注意画面是否和谐。我们在拍人像或风景人文这一类摄影题材时，准确的构图往往会为照片增加看点，但是生活摄影却不太相同，过多的构图只会使画面变得生硬，最后拍到的照片也缺乏生活气息。

有时候我会在网上看到一些把各种物品摆放得特别整齐、拍出来也确实符合某些构图方法的作品，但这种一味追求理论上的“繁华”的照片，我从照片里是看不到什么“生活”和“温暖”的。那些越是贴近真实、贴近自然的照片才越是感人，越让人有所触动。

从最早开始学习摄影到现在这几年，我觉得摄影师和普通人很重要的一个区别就在于观察世界的视角不同。明明是一个脏乱差的地方，摄影师也能从中拍到一些好的画面，我们是摄影师，当我们拿起相机的时候，世界虽然不会为你改变，但你所观察到的世界应该有所不同。

下面这些案例，都是在同一个场景，以不同的视角而拍摄出不同的作品，供大家参考。

尝试着对同一主体物从各个不同的角度去拍摄吧。有时候我们拍摄一些主体物，即便是对色彩、光影等都已经把控得很好了，但拍出来的照片还是达不到自己的预期目标，那么可以试着换一个角度去拍摄，说不定会拍到你意想不到的照片。而有的时候，我们才拍了两三张就发现有一张符合自己的预期了，那是不是应该可以停止拍摄了呢？当然不是，要继续从不同的角度去拍摄，不要仅仅满足现状，也许你会拍到比前面更好的呢？

我们拍摄一些静物时想要变换一下角度是很容易的事情，但如果要拍摄山峰或一些标志性的建筑，你可能会走很远的路，花费很长的时间才能完成，但我希望你不要放弃。

记得有一次我为了拍一座建在海边山顶上的灯塔，连续两天早晨5点钟起床，围着灯塔在山上走了大概四五遍，仅仅是为了拍到一张自己最满意的灯塔照片。可能有人会觉得我这个人太倔了，但我觉得既然决定拍这座灯塔了，那就一定要尽自己所能拍到一张最好的，尽量不要给自己留下遗憾。

▲ 从不同角度拍摄的图片

▲ 从不同角度拍摄的图片

▲ 从不同角度拍摄的图片

▲ 从不同角度拍摄的图片

▲ 最终选图

生活手札·每一天都保持新鲜

起床，吃饭，工作，睡觉，一成不变的生活有没有令你感到厌倦？当生活缺少了激情，生活也就失去了它原有的模样。

可能你会反驳我说："现在我成天忙于生计，为了自己也为了家庭，根本没有精力去顾及自己的生活质量。"

生活的乐趣是要你自己去发现的。人越是在忙碌中，越应该去发掘生活中的乐趣。否则，工作的重担只会越来越沉重，甚至让你喘不过气来。越是在处境艰难的时候越应该放松下来去寻找乐趣。

我们都是普通人，我们要靠工作维持生计，但这并不妨碍我们用心去过好每一天。如果生活中的那些小事能为你带来快乐，那就放手去做吧，尝试着去体验新的事物。哪怕只是今天你在下班的途中绕了点远路，却拍到了以前未曾拍到的花朵，又或者是明天学会了做一道新菜，家人们都对你赞不绝口，这些小小的乐趣虽然不起眼，但每天都能有那么一些不起眼的乐趣，日子久了，累积多了，这些乐趣就可以令每一天都保持新鲜。

如果能懂得这个道理，你就会发现：哦，原来生活并没有束缚我，束缚我的原来是我自己。

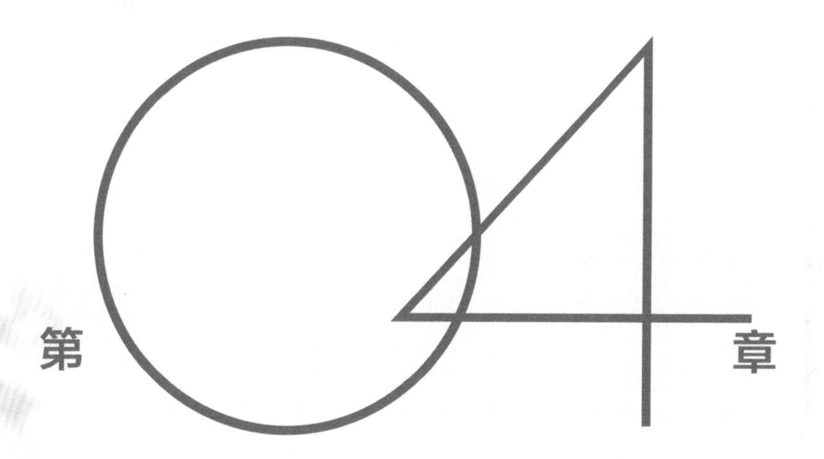
第 04 章

光与影的故事

光，是摄影最基础的要素之一。如果没有了光，也就无法进行摄影。正是光透过镜头传递给相机传感器或胶片，才有了照片中的缤纷世界。

4.1 摄影就是不断追逐光影的过程

摄影师要善用光影，拍摄出令人悦目的作品，要利用光与影使你的画面增添画龙点睛的效果。

4.1.1 色温

什么是色温呢？简单来说就是在不同的光线条件下，人们眼睛所感受到的颜色变化，以开尔文（K）为色温计算单位。再简单点来说色温就是光的颜色。

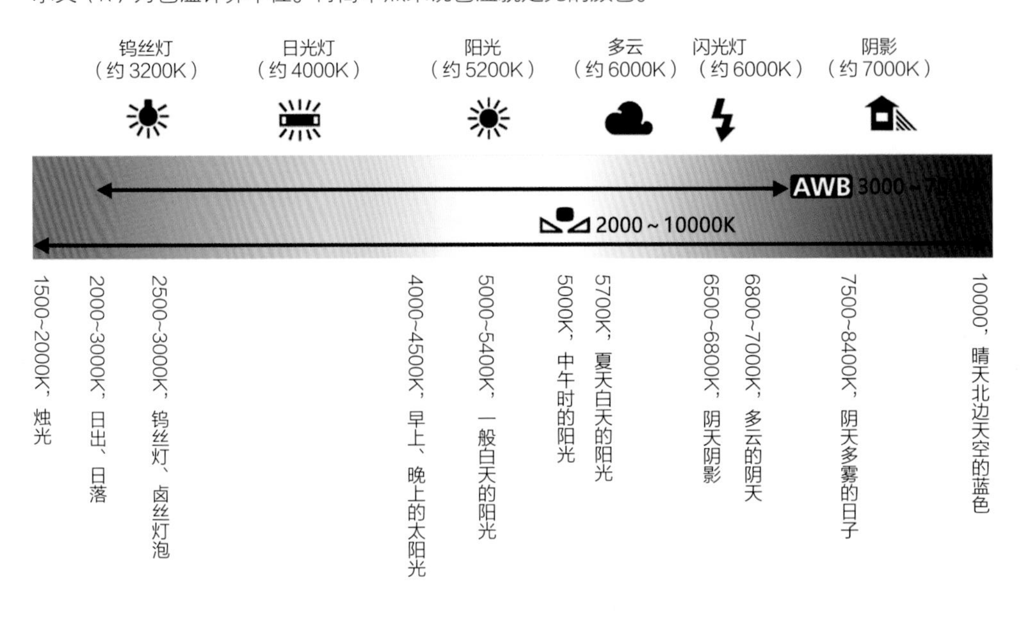

下图是在当天下午3点左右拍摄的，是一组不同色温的变化情况图例。

总之，色温越低，画面则越偏暖色调；色温越高，画面则越偏冷色调。平时我们在拍摄时可以直接采用相机中的自动白平衡模式，虽然用自动白平衡模式可能会与我们的预期效果不太相同，但也没关系，毕竟现在拍出来的照片都是会经过后期修改的，与在前期每个场景都要设置色温相比，我更愿意后期再对色温进行修正，那样对色温的把控会更加精准。

▲ 高色温

▲ 低色温

4.1.2 光的软硬

软光，是一种漫散射性的光线，又被称为柔光或散射光。例如，阴天或多云的天气，云层就变成了巨型柔光罩，此时天空中的光为散射光；其次，柔光箱、柔光纸和柔光伞，以及日光灯、节能灯，利用这些辅助工具和灯具所产生的光都属于软光的范畴。软光没有明确的方向性，被摄主体没有明确的受光面、背光面以及投影。由于软光明暗关系不明显，对被摄主体的立体感表现较弱，画面有细腻、柔和的特点，因此软光常常被用于拍摄色调偏向柔和的人像，以及生活、风景摄影。

▲ 多云天气的下午2点钟

▲ 多云天气的中午12点钟

硬光，与柔光相反，是一种强烈的直射光。例如，晴朗无云天气里的阳光，不加柔光设备的闪光灯的灯光等。硬光有明确的方向性，被摄主体物有明确的受光面、背光面以及投影。硬光拥有较大的敏感反差，对比效果也很明显，能体现出主体物的力量感，因此往往在拍摄建筑、山峰等需要营造出特定氛围或突出主题时经常会使用硬光。

▲ 晴朗天气的下午2点钟

▲ 晴朗天气的上午11点钟

4.1.3 光的方向

光源的方向在很大的程度上影响着我们对被摄主体的观察和感知。下面我们主要介绍在生活摄影领域经常使用到的几种光源方向。

1. 顺光

顺光也被称为正光，是指从相机的方向并且是从被摄主体的正面照射的光线。使用顺光拍摄出来的照片看起来平静、和谐，影调平淡，也由于被摄主体面向相机部分都有光线直射，照片中没有明显的阴影，因此顺光的照片缺乏立体感和层次感，看上去照片也较为呆板，无法给人眼前一亮的感觉。

但是顺光使用起来简单、易上手，最适合新手练习使用。另外，如果你想要真实反映出某个物品或某处场景，顺光是最适合的用光选择。所以，顺光在拍摄证件照和产品摄影中也是最常使用到的。

2. 逆光

如果光源位于被摄主体后面，从被摄主体后面照射过来的光线就被称为逆光。在逆光的环境下拍摄，阴影会产生在被摄主体之前，也就是说，主体物面向相机的一面是背光的，而主体物的后面却是明亮的。

逆光下很适合拍摄一些能透光的物体，如树叶、花瓣、雨水、头发、绒毛及玻璃材质的物品等。逆光能通过强烈的光比反差，营造出迷人的轮廓光。当然，你也可以采用逆光拍出剪影的效果。

在逆光的环境下拍摄，为了避免拍出来的照片出现主体物曝光不足，背景却过度曝光，我们要将相机的测光模式改为点测光（每个品牌的相机的测光模式名称有些不同，具体名称请自行查阅相机说明书）。如果有条件，可以使用反光板或LED补光灯等补光器材对主体物补光。

尽量避开正午拍摄逆光，一方面是正午光线过强；另一方面是因为正午时太阳光与地面近乎垂直，除非用很低的低角度拍摄，否则根本没办法拍出逆光。多选择下午的5点钟后或上午的9点钟后进行拍摄，在这两个时段里光线照射没有那么强烈并且太阳光与地面呈一定的角度。

逆光虽然在技术层面不太好把控，但它能简单而直接地为画面增添效果。对于日系摄影而言，逆光是一个必须掌握而且是很重要的一项用光技巧。

3. 侧光

光线从左侧或右侧投射到主体物上的光线称为侧光。被摄主体物面向光源的一面会显得很突出，而背向光源的一面的表现则会被削弱。

侧光又被分为前侧光和正侧光两种，日系摄影中我们用的最多的就是前侧光了，这种受光方向既有较明显的影调对比和明暗对比，又能体现出主体的层次感和立体感。在人像摄影领域，前侧光也是经常使用到的。相比之下，由于正侧光明暗反差过大，拍出来的照片立体感太强烈，因此它不太适合日系摄影和人像摄影，主要运用于风景摄影领域。

侧光特别适合用于表现被摄主体的纹路或结构，能在很大程度上增加主体的层次感和立体感。因此，侧光常常被用于拍摄山峰、城市建筑等一系列体现力量感的题材，并适用于人像摄影和服装服饰摄影。

但是侧光也存在着被摄主体的阴影部分细节容易丢失，被摄主体的缺陷容易被反映出来的缺点。

4.2 不同自然环境下的光源情况

4.2.1 从清晨到黄昏光影的变化

1. 日出之前

偶尔找一个空闲的日子，早早起床出门去看看日出吧，到郊外去呼吸新鲜空气，改善一下自己的心情。

在日出之前，色调偏冷，光线强度也很弱，明暗对比反差很小，拍出来的照片色彩柔和、清淡。这个时间段适合拍摄一些较大场景的风光摄影。

2. 日出之后和日落之前

日出之后和日落之前，画面的色调渐渐变暖，光线的强度也有所变化，明暗对比反差也有所增加，照片的色彩也逐渐变得浓郁起来。

这个时间段通常被称为风光摄影的“黄金时间”，尤其是日落之前。在这一时间段里光线都在不停发生着变化，而且这最美妙的光影时间也是很短暂的，大概只会维持30分钟左右，因此在拍摄时一定要抓紧时间。

在日出之后和日落之前，适合拍摄的题材主要有风光、纪实摄影及人像摄影。

3. 上午和下午

当太阳渐渐升高，色温变得不再那么偏暖，光线强度和明暗对比度反差也变得更强烈一些，尤其是上午的9点钟左右和下午的四五点钟（太阳光和地面大概呈45°）是摄影的一个“黄金时期”，这个时候影调和谐，画面中有明显的反差，但也不至于太过强烈，拍出来的照片效果也是不错的。

▲ 下午5点钟

▲ 上午10点钟

这个时间段很多的摄影题材都是可以拍摄的，但就效果而言人像摄影和静物摄影是最好的。

4. 中午

正午的太阳光和地面大概呈90°，相当于顶光，这个时间段的光线强度是一天里最强的，明暗对比度的反差也是最强烈的。此时的光线难以把控，能适合拍摄的题材也仅仅是建筑、山峰一类的风光摄影。

◀ 这张照片是在中午1点钟拍摄的，花朵上的明暗反差过大，画面显得并不柔和

5. 日落后

日落后和日出前很相似，但光线强度和明暗反差会相比日出前更强一些，色彩也更饱和一些。当太阳落下后，天空并没有完全暗下来，而是转变为深蓝色，偶尔还会变成深紫色，此时的色彩同样迷人。这一时间段也是短暂的，大概只会维持20~30分钟。适合拍摄的题材主要是风光摄影。

下面的表格是将一天里从早到晚光影的基本情况进行一个总结概括。

	色调	光线强度	明暗反差	适合拍摄题材	色彩情况
日出前	冷色调	弱	最小	风景	柔和
日出后	暖色调	较弱	较小	风景、人像	浓郁
上午	暖色调	较强	较大	人像、静物、人文纪实	较浓郁
中午	暖色调	最强	最大	建筑、山峰	较浓郁
下午	暖色调	较强	较大	人像、静物、人文纪实	较浓郁
日落前	暖色调	较弱	较小	风景、人像	浓郁
日落后	冷色调	弱	最小	风景	柔和

4.2.2 不同天气下的光影变化

1. 晴天

我们都知道，在晴天里是最适合拍照的，特别是相对阴天而言。在晴朗的天气里，太阳光能直射地面，光线的明暗反差大，光线具有明显的方向性，色彩也很饱、浓郁。

我们在晴天拍摄时，一定要注意以下几点。

（1）拍摄时尽量避开中午的时间段拍照（太阳光与面呈70°~110°），一方面是此时的光线属于顶光，另一方面是中午的光线过于强烈。

（2）选择太阳光与地面呈45°~70°，以及110°~135°拍摄，也就是每天上午的9点钟到10点半，以及下午的3点半到5点钟。利用这些时间段拍出来的照片，由于太阳的位置比较低，光线也不是太过强烈，不至于拍出难看的阴影。

（3）在不同的季节里晴天的光照强度和明暗反差也是不相同的。夏天的光照强度和明暗反差是最大的，其次是春、秋两季，冬天最弱。虽然夏天里每天的光照时间会比冬天要长很多，但由于夏天光线过硬的原因，能直接拿来利用的光线却并不比冬天多。

在晴天里最适合拍摄日系、小清新等偏向积极、乐观的题材。

2. 阴天

阴天的光线比较暗淡，阳光穿过厚厚的云层散射到地面，无论是光线强度还是明暗反差都远不如晴天时那么强烈，画面中的景物对比度变低，色彩也偏向清淡。

阴天并不太适合拍摄日系一类积极向上的题材，而适合拍摄偏向悲伤、能反映出一定情绪的题材。如果你一定要在阴天拍摄小清新题材，那么注意别拍出太多的天空元素，因为阴天的天空往往都是灰色的，而且也没有好看的云朵衬托，即使想靠后期修正也是一件很麻烦的事情。另外还要注意画面的对比度控制，往往我们在阴天拍出来的照片的对比度都比较低，在后期时记得拉开画面的对比度。

▲ 这张照片就是在阴天拍摄的，即使后期进行调色，增强了对比度。但天空还是灰蒙蒙的，也没有好看的云朵

3. 多云

在多云的天气里拍照也很不错，阳光透过云层，相当于将原本太阳直射的硬光变为散射的软光，此时云层相当于巨型柔光罩。受“柔光罩”的影响，多云的天气里阳光的强度和明暗反差自然没有晴天那么强烈，但又比阴天要强烈一截，属于比较适中的程度。

多云的天气适合拍摄一些画面偏向柔和的、宁静自然的摄影题材。

4. 雨天

雨天，根据季节的不同，光线的照射情况也会发生变化。一般情况下，冬季的雨天是四季中最阴沉的，因此光线强度和明暗反差以及色彩的饱和度都是最低的，其次是春、秋两季，光线在四季中最强的是夏季，并且夏季也是最容易有太阳雨出现的季节。

应该有很多摄影爱好者都对下雨的天气外出拍摄不太感兴趣吧，总觉得这种天气并不适合拍摄。其实，雨天也有不同的风景，湿漉漉的街道，地面的积水，被雨打湿的花朵，手里撑着的雨伞，这些都可以作为拍摄题材。

对于雨天而言，无论你是想表现宁静、和谐的氛围还是想表现带有情绪化的氛围，都可以很好地实现。

另外，在雨中拍摄也要注意对相机的保护，如果只是在雨量比较小的时候拍摄，撑一把伞就能解决。但如果你选择在暴雨这种天气里外出拍摄，那么就一定要对自己的相机做好充分的保护工作。你可以使用相机防雨罩，也可以将相机装在塑料袋里，将镜头前的塑料袋按镜头大小前出一个圆口，并用橡皮筋将镜头一端捆扎起来。

下面的表格是对不同的天气里光影的基本情况做的一个总结概括。

	光线强度	色彩饱和度	光线照射	明暗反差	适合拍摄的题材
晴天	最强	浓郁	直射	最大	日系、小清新、积极向上的题材
阴天	弱	柔和	散射	小	画面偏向情绪化，悲伤的题材
多云	较强	较浓郁	散射	较大	画面偏向柔和，自然、宁静的题材
雨天	弱	柔和	散射	小	既可以拍摄偏向情绪化的题材，也可以拍摄偏向积极、阳光的题材

4.2.3 四季的光影变化

大家都知道，一年四季中的太阳光照方位是不断变化的。以我们所处的北半球为例，春、秋两季中太阳从正东方升起，在正西方落下；夏天中太阳从东北方升起，在西北方落下；冬天中太阳从东南方升起，在西南方落下。

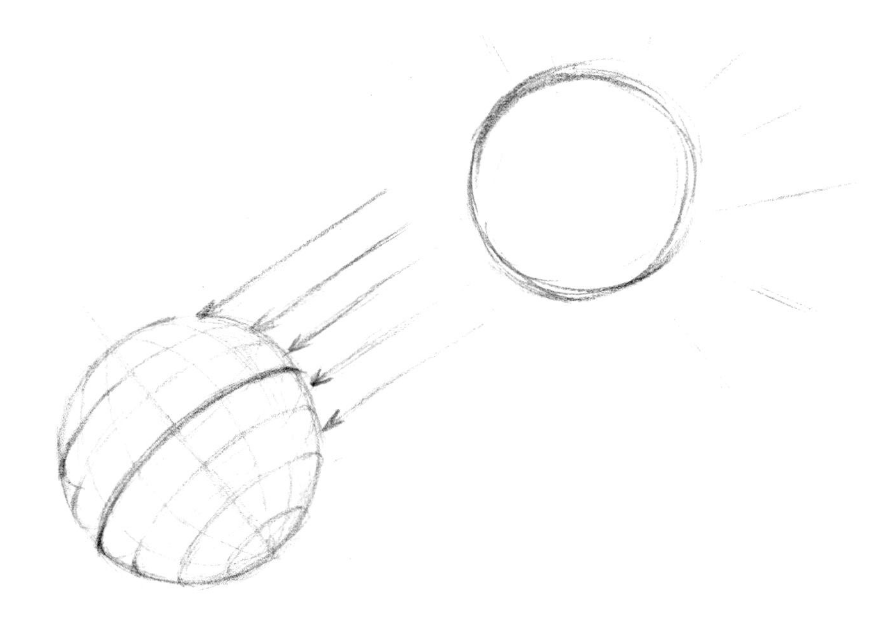

▲ 春天秋天

▲ 夏天

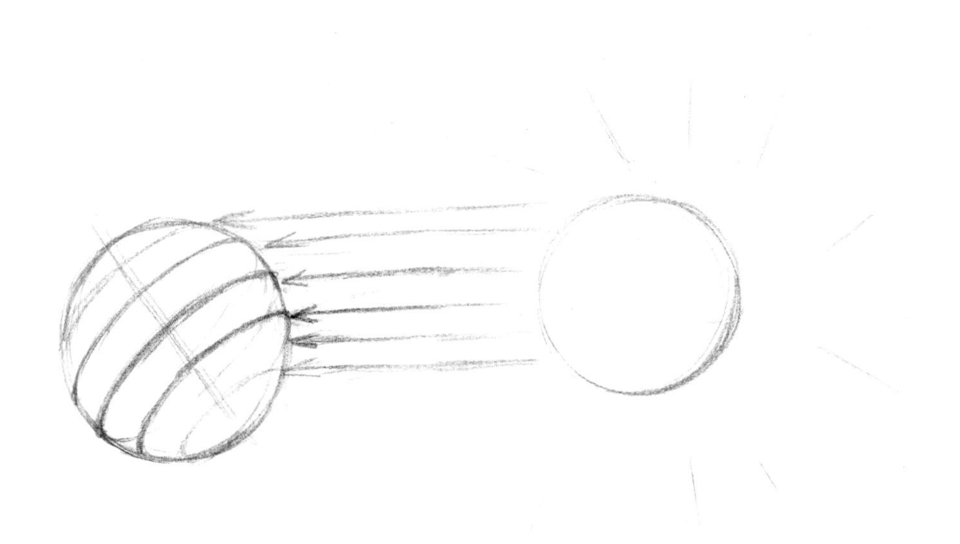

▲ 冬天

可能有的人会不屑地认为日出日落光照方位与我们关系并不大，我们拍照的时候稍微改变位置就行了。真的是这样吗？我身边的有几位摄影师朋友就因为忘记这些常识而闹出笑话。一个朋友在第一天拍完日落后，第二天一大早跑到昨天相同的地方等待日出；另一个朋友是根本不知道一年四季中太阳升起的方位会有所变化，而单纯地以为太阳只是从东边升起，西边落下。他在夏天拍日出的时候，他的拍摄地点正好被东北方的一座小山挡住了。

如果有哪位摄影爱好者想开办一间摄影工作室或者是家里准备新买一套住房，在选择房屋时一定要将太阳方位考虑进去。如果只安排一两个房间用于拍照，那么一定要选择阳光能够直射进屋内的房间。如果你将房间装修好后才发现自己的房间一年四季根本没有阳光照射进来，那么拍出来的照片效果也是差强人意的。

物体的影子越长越能烘托出画面的氛围感。冬天的阳光非常宝贵，冬天里我国大部分地区经常都是处于灰蒙蒙的阴天笼罩下，晴天比较少，而冬天的物体的影子也是被拉的最长的季节，特别是在黄昏的时候。所以，在冬天遇到好的天气，可千万别错过拍摄的好机会。

▲ 夏季的正午

▲ 冬季的黄昏

另外值得一提的是，无论处于哪个季节，我们都可以将光影当成是一种画面元素来对待。一张照片有无光影，其差别还是很大的，好看的光影可以瞬间增加照片的趣味点，使原本平淡无奇的画面变得有趣起来。

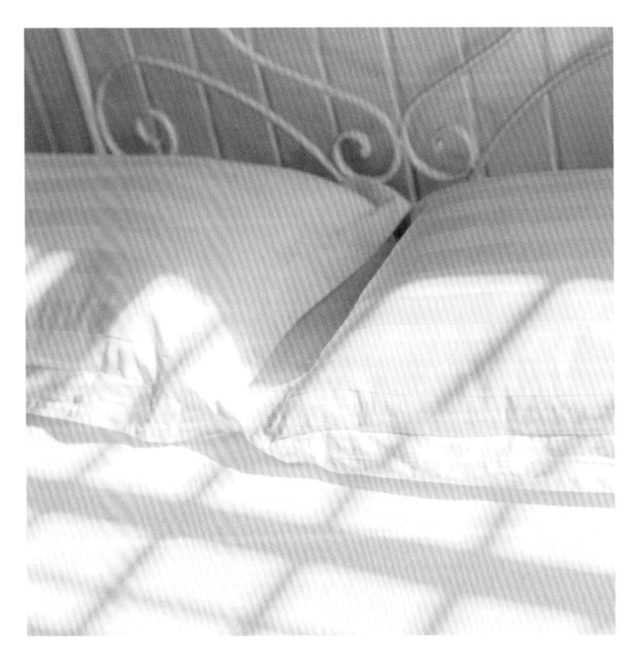

◀ 原本普通的一张床，当窗户的倒影映在床上，画面马上就有了趣味性

这一章所介绍的光影变化只是从总体而言，而拍摄者所在位置的经纬度、空气的湿度、环境温度等各种因素的影响也会使光影情况发生变化。因此，究竟某个时间段能不能拍到自己满意的照片，还得你亲自去实践后才能得到答案。

生活手札

请在你心里住下一位少女

偶尔我会在微博上发几张自拍照，往往这个时候就会有人很诧异地问："原来你是男生啊，看你拍的照片都能感受到一颗少女心，所以一直以为你是女生。"

在刚开始遇到这种评论的时候，我还很介意。我的照片有那么像是女生拍的吗？好端端的一个男生却被认为是女生，搞得自己哭笑不得。

但久而久之，可能是已经听习惯了吧，也可能是慢慢想通了一些事情，我已经开始不再介意这件事情，甚至已经把这种误会当成了大家对我的一种肯定。

少女心可不是简简单单指那些可爱的窗帘、服装、包包以及满屋随处可见的粉红色物品这么外象化的东西。对我而言，它所包含的更多的是青春、生命、幸福、童话一类的词汇。少女心是一种对生活中的一切事物都保持着热情与初心的情怀，对未来充满着希望和期待，喜欢美好事物，喜欢分享喜悦，喜欢简单而纯粹的生活。纵使自己的生活坎坷艰辛，也能在当下的生活里寻找干净简单的生活。

拥有少女心的人，能看到普通人所看不见的风景，也能体会到普通人所不曾有过的温暖和感动。可以因为一个伤感的结局而郁闷很久，也可以因为一个浪漫的故事而感动好一阵。

我喜欢美好的事物，看见好的天气会开心，收藏到几张喜欢的照片会开心，买到好看的小物件会开心，遇到开得正盛的花花草草会开心；我喜欢看爱情电影和动漫，也喜欢日本的高中生校服，喜欢可爱的动物也喜欢活泼好动的小孩子。

一个摄影师的性格在很大程度上决定着他（她）所能看见的世界和他（她）自己的摄影风格。可能正是因为自己一直都有一颗少女心吧，所以拍出来的照片也一直受其影响。

如果你想更好地体会生活的美好和世间的温暖，那么就在你的心里住下一位少女吧。

第05章 元素的搭配与道具的选择

有些拍摄静物的摄影师会买一些好看的，适合拍照但日常生活中却几乎用不上的东西当道具。我对这种方法不感兴趣，生活摄影就该就地取材，生活中是怎样就是怎样，越是真实的照片才越能打动人心。我常用于拍摄的物品都是我自己日常生活中的东西。

与人像、风光摄影师将资金投放在服装、器材上相比，生活类摄影师则会更加注重对生活品质的把控。例如，以前你会觉得自己的一套床单够用就好，但开始接触生活摄影后，你还会想到怎样的床单更适合拍照，怎样的床单和自己居家氛围更搭配。当你越来越注重生活细节时，你会发现，自己的生活品质正在慢慢提高，拍摄到的照片质量也在逐步提升。

5.1 最常用元素

5.1.1 背景元素

无论是哪一类型的摄影，对于背景的选择和把控都是很重要的环节，背景的把控看似简单，实际操作起来却没那么容易。我想大部分人的生活环境都是比较杂乱的，特别是在街道上拍摄时，背景把控的不到位就可能会成为你的作品中的“致命伤”。

如果想得到一个干净的背景，那么就听听我的建议吧。

（1）首先背景的组成元素不要太多，最好不要超过3个。如下图中，背景里包括了菜板、菜刀和稍远点儿的菜刀架，如果在画面里再增加几个元素，画面肯定不再那么简洁、干净。

（2）使画面保留一定的生活细节，太过干净的画面反而会让观者看起来觉得不够真实。下面的左图就是这样，背景过于干净，看着却很刻意，缺乏生活感。而下面的右图呢，背景中有两个玻璃制品和一小部分桌子轮廓，使画面保留了一定的生活环境细节。

（3）如果你在拍摄时，即使变换了很多个角度却依旧避免不了有东西出现在画面背景中，那么就索性开大光圈，将被摄主体物以外的物体尽可能虚化掉。

◀ 在拍左边的这张照片时，背景的商品架中的各类商品颜色很杂乱，如果用较小的光圈，势必会使画面变得不够整洁

▲ 这是在一间教室里拍摄的，背景是杂乱的学生的课桌和书本，我故意开大光圈来模糊背景，以此得到干净的画面

（4）如果能拍摄到窗户则一定要拍进去，窗户可以增加画面的宽松感，使画面看起来更加透气。例如，下面是在相同环境下拍到的两张照片，你觉得哪一张看起来更舒畅？

（5）如果背景的颜色比前景颜色浅，会给人以希望的感觉；反之，背景颜色比前景颜色深则会给人悲伤、失望的感觉。我们先看看下面的图片，试想一下，如果你被困在一座深山里，现在有两个隧道可供选择，你们觉得从哪一个隧道走出去才能获救呢？

相信大部分人的答案是左边的隧道，因为隧道的尽头是一片光明，而右边的隧道却是一片黑暗的。

因此，我们在拍摄日系一类的阳光、积极的照片时，背景颜色就尽量不要太深；而我们想拍一些氛围比较阴暗、忧郁的照片，背景颜色就尽量深一点。就像下面的两张照片。

（6）如果你家的装修风格与自己需要的拍摄风格不搭，可以买一些桌布，无论是拍照还是日常家居装饰，都是一个不错的选择。木质材料很适合于清新色调的照片，特别是那种纹路很明显、很好看的木质材料，看看家里的桌子或木地板是否适合拍照，如果不合适也不要紧，可以买一张既适合你拍照使用又适合自己家里日常生活使用的木桌。

5.1.2 天空和云

一张照片中有没有天空区别还是挺大的，就拿下面两张照片来做对比吧。

天空在画面中有留白的作用，这就使照片有了透气感，因此照片中有天空这个元素会更好看。

在有云的晴天，尝试着给天空多留点空间，并且要尽量在画面里将云拍下来；相反，在阴雨天就应该减少天空在画面中所占的比重，但也尽量要有天空这个元素存在。如下面两张照片，左边的照片是晴天拍摄的，天空占据着画面的很大比重；右边的照片是阴天拍摄的，我只在画面右侧为天空留出了一点空间。

其实，如果你偶尔抬头看看天，可以发现一些很漂亮的云朵，即使你一时半会儿找不到合适的前景物也没关系，别犹豫，就纯粹地拍一张有云朵的照片也很不错，如果能遇到飞机“尾迹云”划过天空那就更棒了。

5.1.3 身体局部

在之前的内容中也提到过拍摄人物身体的一些局部特写的知识。相比拍摄人物全身或将人物面部完整地拍出来，局部特写的照片更能烘托出场景氛围，无论你的照片是想表达出忧郁的心情还是宁静的环境等。另外，局部特写也能让观者自行想象所拍摄的画面之外的场景，这是增加观者互动性的好方法。

试想一下，如果你在一片很干净的海滩上拍照，周围除了沙滩基本上没其他东西，虽然海滩很美，但你拍了一会儿就会发现，自己拍的照片反反复复都是那么一片海滩，没有什么太大变化，于是想拍点儿不太一样的景物，但周围又没有适合拍摄的对象，自己身上也没带什么好看的东西。如果你和自己的朋友在一起，那就太好了，让他（她）当一次你的模特吧，你能拍的照片马上会增加不少。

在创作时可以拍摄的人物身体局部有很多。例如，拍摄嘴去吹蒲公英、风车、泡泡、也可以拍摄吃美食或喝饮料；可以拍摄在逆光下用手去撩动头发或者用手去扎辫子，也可以直接在舞动头发时以天空为背景抓拍；双脚可以踩在沙滩或草地上，也可以抬高双脚对着天空的云朵拍照；侧脸也是不错的选择，每个人的侧脸往往都是他（她）最好看的角度，而且利用侧脸能保留一定的神秘感。

手是我最爱拍摄的人物身体局部，将手拍进画面里不单单是增加了画面中的元素，手的出现能让观者觉得画面更加真实、更加生活化，手的触碰感也可以为画面增添一点情绪感。而且手能触碰的东西有很多，因此可以拍摄的范围也是相当的广。如果你觉得画面缺少元素，试着将人物的手拍进去，说不定拍出来的效果是不错的。手这个元素虽然好用，但如果你拍的整组照片都是用手去触碰东西，过多的重复只会让观者出现审美疲劳，除非你那一组照片就是想表达手这个题材。

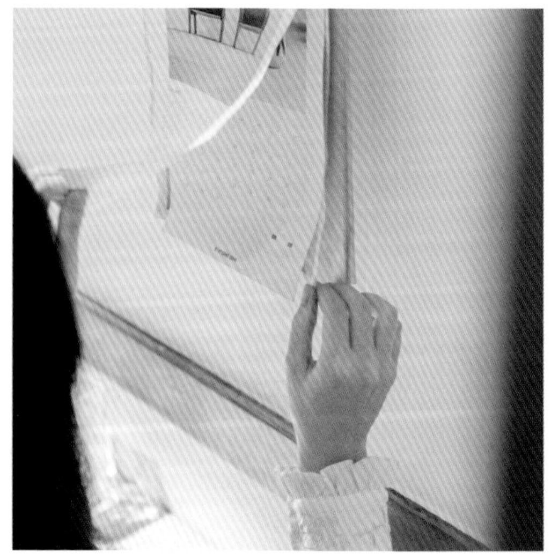

需要注意的是，拍人物的手部时要看一看对方有没有戴饰品，如果有饰品并且该饰品与你拍摄的风格不相符，那就提醒对方将饰品暂时摘下来。

▲ 在拍摄这张照片时，我看见对方手上有一条扎头发用的橡皮筋，但我觉得这与自己想要拍的风格并不冲突，就没有叫她摘下来

5.1.4 服饰

在生活摄影中服装有着很大用处，如果你想拍一组纯白色的照片，却又苦于没有一个干净的背景时，那么就去翻翻你的衣柜，找一件纯白色的衣服来代替白色背景布。当然，你有其他适合当背景布的服装也同样可以。

如果你有好看的衣服，即使没有模特也没关系，将衣服放在合适的位置，同时摆一些其他的小物品或将衣服挂起来，都可以得到很好的画面。

在旅途中或郊游时，你可以建议同行的伙伴穿更适合拍摄日系风格的浅色系的服装。顺带一提，我们拍摄人像时应尽量避开不自然的摆拍，太过做作的动作只会使画面丢失真实感和生活感。多去捕捉朋友最真实、最可爱的模样，可能你需要连续拍摄很久才能得到一张自己满意的照片，但我觉得捕捉到的发自内心的笑容肯定比摆拍时不自然的笑更有感染力。

（本张照片为2016期摄影班学号阿蚊作品）

5.1.5 交通工具

大到一架飞机小到一辆自行车，我们日常中能见到的各种各样的交通工具都是很不错的拍摄对象。

一般交通工具都比较大，因此有很多的局部特写值得我们去拍摄。单说一部汽车，从引擎盖、前后雨刮器、车轮胎、到内外后视镜、方向盘、车内空调出风口等，再搭配上不同的景物，如落叶、雨水、花瓣、反射的阳光等，都可以拍出很多富有新意的照片。

如今的汽车车型越来越多，其中有很多好看的。如果在街上遇到自己喜欢的汽车，同时周围环境也比较整洁，那就按下快门吧。

其他的交通工具也是如此，自行车算是很小的交通工具，但照样可以拍出很多有趣的照片，例如，车篮里放上一朵刚采摘的鲜花或拍摄车轮的特写。如果遇到不错的光线，放低相机将自行车的影子拍下来，也是不错的。看过新海诚的动漫的朋友应该都清楚，他的动漫常有的几个元素包括猫咪、天空、强烈的阳光、樱花，还有就是火车和地铁。火车的车头、车厢外观、车内的座椅和过道等都是可以拍摄的。

2
D5139次
重庆北 开往
重庆北站

和谐号

5.1.6 小动物

说到小动物，当然最常见的就是狗和猫了，但实际远不止这些，动物园里的海豚、熊猫、梅花鹿等性情温顺且长相可爱的动物都是不错的拍摄对象。如果家里养了宠物，那就是你绝佳的拍摄对象，只要你有时间，你就可以拿着相机跟着它，不断地抓拍。我现在最常拍的动物就是家里的两只猫了，其实要想拍好动物并不容易，有时候遇到它们做出一些可爱的动作时，光线却不太好，而光线好的时候，它们又乱跑不配合。所以，想要拍好它们，你要有足够的耐心。

与拍摄人物的局部特写一样，动物也是有一些局部特写值得拍摄的。例如，猫狗的耳朵、尾巴、爪子或眼睛等。

建议大家拍动物时使用长焦镜头，特别是对一些野猫、野狗等不太亲近人的动物，往轻了说可能它会害怕你拿起镜头对着它而逃走，往重了说它可能会主动来攻击你。用长焦镜头能使你和动物之间保持适当的距离，减少因为距离过近而使动物感觉不自在，动物的本性也能很好地展现出来。

另外，对一些动物你可以做好引导工作。例如，你想拍摄一张什么样的照片，在拍之前你应该已经在脑海中有了大概的画面，把场景布置好后你就可以将动物带进场景中，可能动物会不听你指挥而跑掉，这个时候你就可以拿点食物或玩具去逗它，并在这个时候找准时机按下快门。

◀ 拍摄这张照片，起因是有一天我家厨房的洗碗槽里养了几只鱼，两只猫发现后就开始用爪子试探着去抓水里的鱼，这一幕有趣的画面刚好被我看到，但当时光线环境完全不适合拍照。因为脑中已经有了画面，第二天我就先将场景布置好，然后将猫抱过来让它们自己玩水里的鱼，我也就乘机拍到了这张照片

◀ 拍摄这张照片时，是我正在喝酸奶，我家的猫到我身边用鼻子嗅酸奶瓶，于是我就把酸奶瓶放到桌上，自己拿起相机拍下这一幕

5.1.7 相机

相机是非常不错的拍摄元素，无论是用来拍摄人像还是拍摄静物，似乎相机在很多地方都毫无违和感。现在市场上各式各样的相机一个比一个漂亮。在二手市场淘一台你中意的胶片相机吧，拿来收藏和当作道具都是不错的选择。

也许大家经常会遇到一些好看的场景，但却缺乏适合拍摄的主体物，如果此时你带了两台相机，就可以将其中一台相机当作道具来拍摄。

在选择相机作为道具时，我们应尽量选择白色、银色等颜色较浅的相机，如果只有黑色或深色的，那就减少相机在画面中所占的比重。

如果你有双镜头反光镜取景相机（俗称双反相机），你还可以尝试着使用景中景的构图方式来拍摄，如右图和下图所示。

5.1.8 文具

文具包括的东西很多，如笔墨纸砚，各类书籍、绘画工具等。文具也是我经常拍摄的对象，可能文具本身就具备一种偏向安静的属性，拍出来的照片也或多或少有这种特性。一支铅笔、一本封面好看的书再配上一片树叶的标本或一朵小花；或将一本书打开，旁边放上一幅水彩画，再搭配几只彩笔，也很不错。文具类的照片拍摄多了你就会发现，文具的搭配是可以多种多样的，一样东西可以与很多不同的文具去搭配，几乎不会产生违和感。

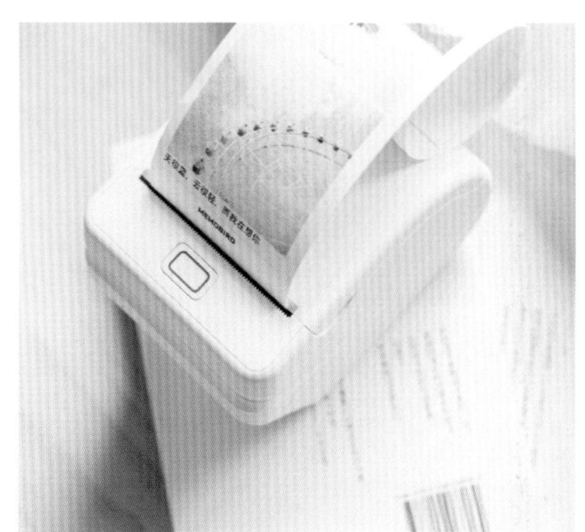

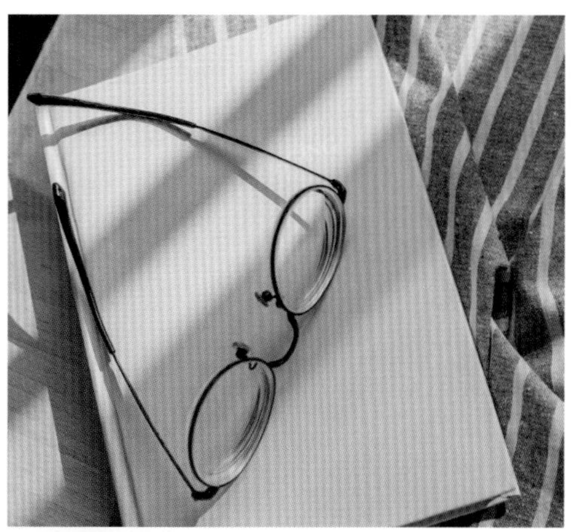

5.1.9 花草树木

经常去花店逛逛吧，挑选一些自己喜欢的适合拍摄的花。或是将路上遇到的一些好看的落叶或小花带一点回家，当作书签或插在花瓶里。

前段时间我搬进自己的新家，在里面住了一小段时间，但我总是感觉家里缺少了点什么，但又想不出是什么，直到有一天我带了一束花回家，放在自己卧室的飘窗上才明白：哦，原来一直缺少的东西就是它啊。花卉是种很神奇的东西，小小的几束花就能给整个家增添不少温暖和幸福感。

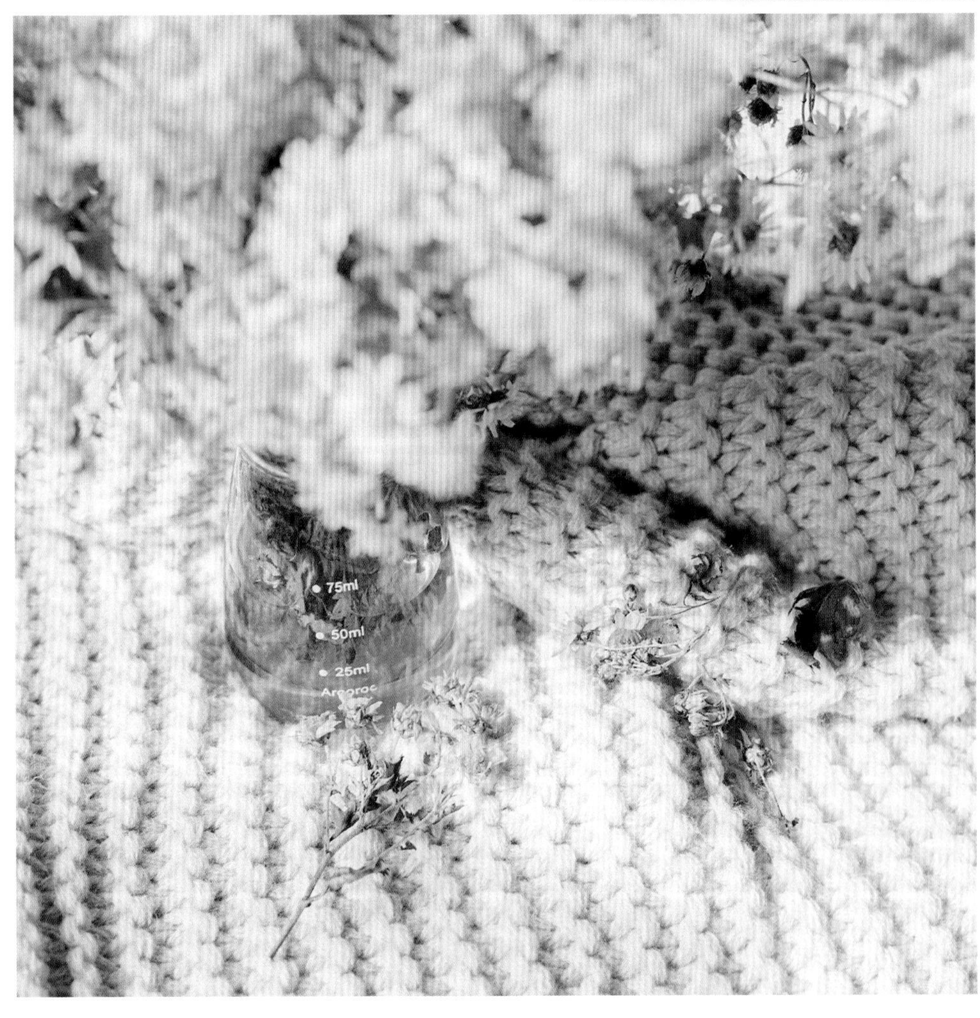

走在路上或在旅途中遇到的各种花草，都是我们不错的拍摄对象。不要以为拍好花花草草是一件很轻松的事情。其实，想要将花草拍得清新、自然也并非易事。

并不是所有的花和树叶都能拍出清新、通透的感觉。那种叶片很厚，颜色很深的花草是难以拍出清新色调的，即使后期也无济于事。因此，我们要去找那种叶片和花瓣很薄的能透过阳光的花草。

▶ 叶片很薄

▲ 叶片太厚

花草的颜色应尽量要以浅色为主，虽然那些大红大紫的饱和度很高的花看上去很好看，但如果你想用这种色系的花拍出日系小清新就很困难。拍摄时将曝光补偿加上一档会更显得清新、通透，后期时也会减少点麻烦。

5.1.10 杯子

我很喜欢收藏各种杯子，对好看的杯子也是毫无抵抗力，特别是开始拍生活摄影后，我买的水杯就更多了，所以我的照片中经常出现各种杯子（尤其是在夏天拍摄时）。

玻璃材质的水杯装白开水或颜色艳丽一点的饮料最合适，陶瓷类的水杯用来装咖啡等颜色较深的饮料会比较合适。当然这里说的只是共性，更多的搭配方法还等着你自己去探索。

其实，水杯的用途可不单单是拿来喝水，将买来的花草放在旧杯子里，不仅仅是节省了买花瓶的钱，更关键的是水杯和花草的搭配会更显得有生活的气息。

当然，也不只是水杯和花草能够搭配，用过的油漆桶、空酒瓶和玻璃瓶都是不错的选择。

5.2 元素和道具思维导图

思维导图是通过一种物品去延伸出多个适合放在一起拍照的物品。

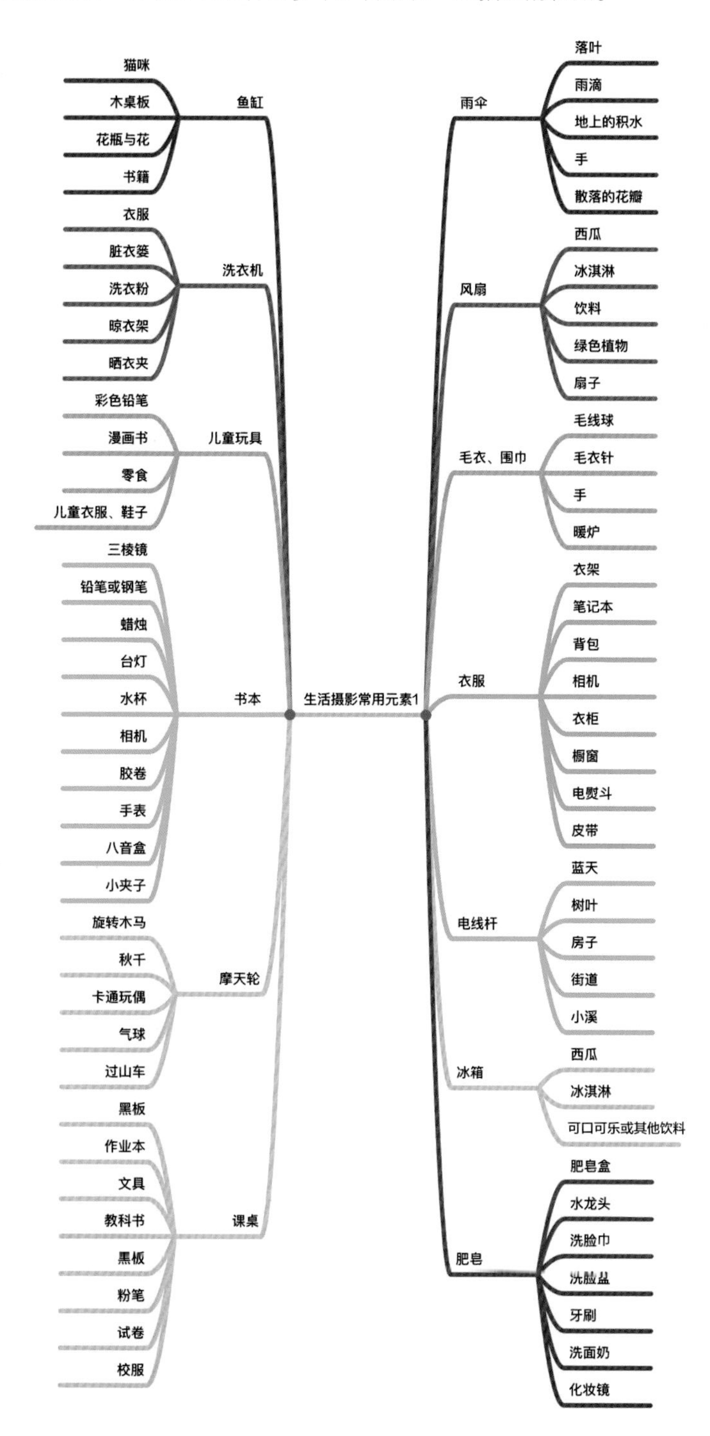

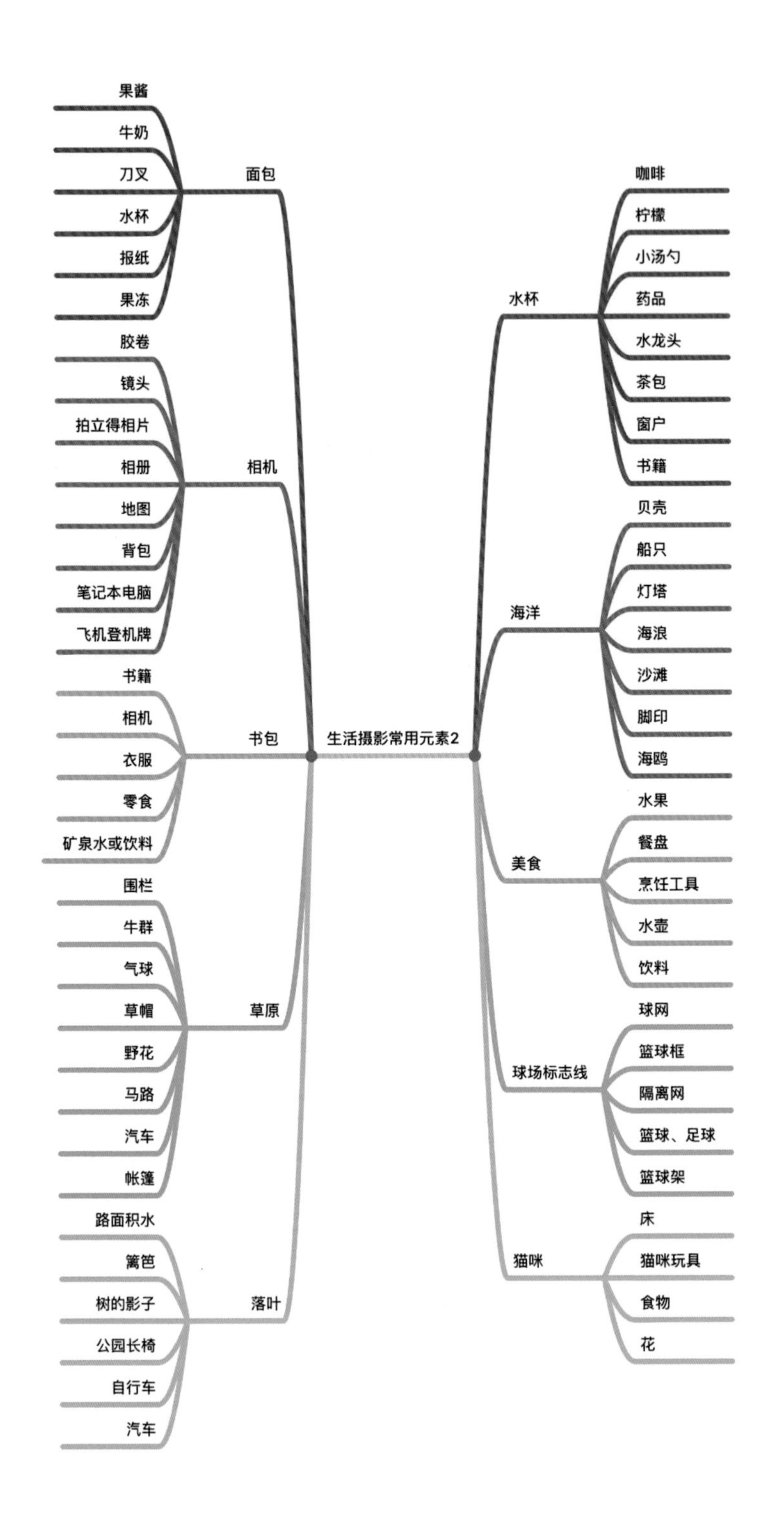
生活摄影常用元素2
面包
果酱
牛奶
刀叉
水杯
报纸
果冻
相机
胶卷
镜头
拍立得相片
相册
地图
背包
笔记本电脑
飞机登机牌
书包
书籍
相机
衣服
零食
矿泉水或饮料
草原
围栏
牛群
气球
草帽
野花
马路
汽车
帐篷
落叶
路面积水
篱笆
树的影子
公园长椅
自行车
汽车
水杯
咖啡
柠檬
小汤勺
药品
水龙头
茶包
窗户
书籍
海洋
贝壳
船只
灯塔
海浪
沙滩
脚印
海鸥
美食
水果
餐盘
烹饪工具
水壶
饮料
球场标志线
球网
篮球框
隔离网
篮球、足球
篮球架
猫咪
床
猫咪玩具
食物
花

5.3 制作特效的小道具

虽然有时我们拍出来的照片在用光、构图等方面已经做得挺好了，但如果看起来还是太过平淡，那么增加一点小特效来丰富画面是一个不错的选择。

5.3.1 三棱镜

三棱镜是我随身携带的小道具，三棱镜相比我用的其他道具的体积更加小巧，而且在自己一个人的时候也能很轻松地使用。

可以将三棱镜对着太阳将阳光折射成多种颜色，还可以将三棱镜放在镜头前，这样拍出来的照片能模仿出胶片漏光的效果，这一点特别适合用数码相机模拟拍摄胶片色调的照片。

5.3.2 星光镜

星光镜也是我常用到的小道具之一，小小的一块星光镜就能使画面里的光线灵动起来。市面上售卖的星光镜分为四线、六线和八线，至于你想用哪一款完全取决于你自己，而且星光镜的售价也不贵，大概二三十元。

星光镜的使用有一定的限制条件，必须要有比较强烈的阳光或人造光线，而且光线越是强烈，在同等光圈下拍出来的效果就越迷人。

虽然星光镜很好用，但它对画质的影响还是比较大的，特别是它会产生一些纹路，如果你在拍有焦外成像效果的照片时没有摘下它，就会在画面中出现纹路。因此，我们不要图方便长期将星光镜当作UV镜一样安装在镜头上，不使用时应及时摘下来。

▲ 照片中的焦外成像出现了明显的纹路

5.3.3 LED灯

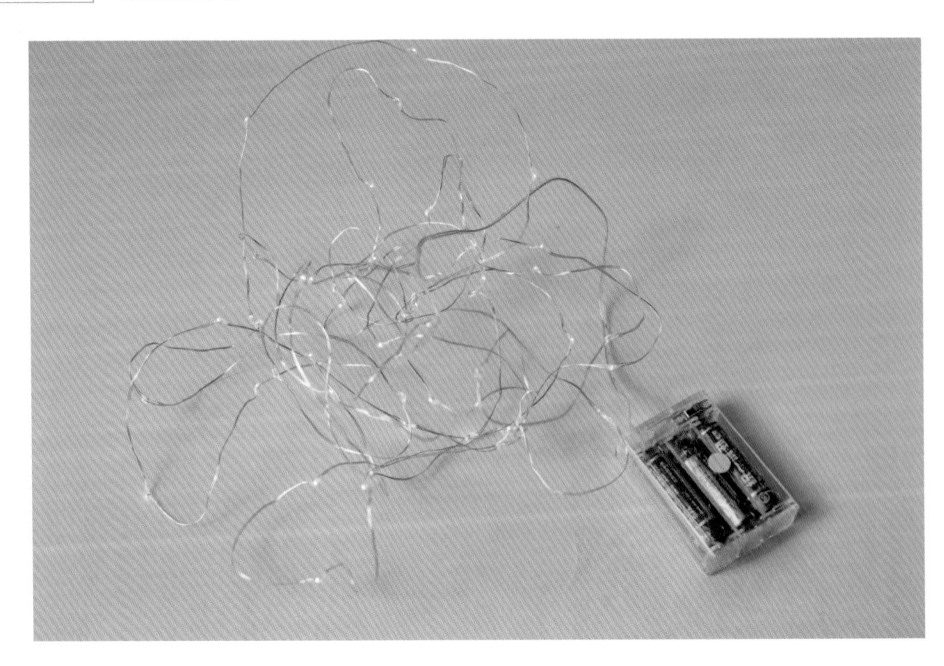

用LED灯当道具这一方法是我上次过圣诞节时发现的，将灯光当作背景的散景元素，可以使原本很普通的背景马上变得梦幻起来，甚至可以说是变得有童话故事的感觉。

在前面的内容中有一张旋转木马的案例图，背景就是用的LED灯。

5.3.4 水晶体

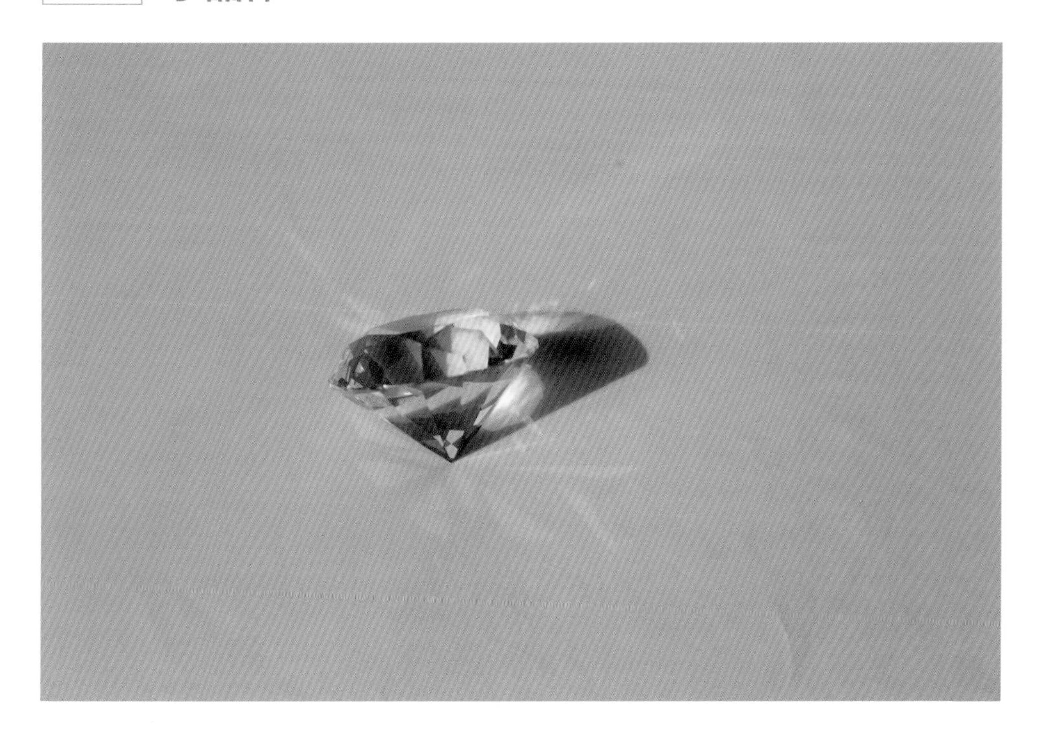

水晶体能通过阳光反射出小颗粒的光斑，光斑看起来很迷人。但我每次用它拍照都特别累，因为水晶体对着光线的不同角度所反射出来的光斑大小和密集程度不太相同，有时候需要我一只手拿着相机另一只手要将水晶体伸得很远才能有想要的光斑出现在画面里。所以除非有助手帮你，否则如果只有自己一个人的时候尽量不用水晶体当道具。当然，你可以选择用三脚架架设相机并将相机设置为定时拍摄，这样就可以自由地掌控水晶体了。

水晶体样子很好看，我们可以直接将它放在画面里来拍摄，记得注意调整水晶体受光反射的角度，尽量将其调整到能反射出光斑最多、最好看的位置。

我所提到的道具都是我平常拍摄用到的，其实我们生活中的很多东西都是能当作反光道具的，如凡士林、塑料袋、玻璃块、镜子等，更多有趣的道具和用法还得等着你自己去探索。

虽然小特效能丰富画面，但也要合理利用，过分依赖特效只会让观者产生审美疲劳。

生活手札 • 什么才是真正的日系摄影

提到日系摄影，可能绝大部分人会说，在后期的时候稍微过曝，降低对比度，以及低饱和度等。但这说的都只是一种色调，仅仅是日系摄影的一种外在表现。若我们片面去理解，只会得到形似而神不似的照片。

小清新的色调是我们最常接触到的日系风格，但在日系摄影之中不仅有小清新，还有很多不同的流派，如东松照明、森山大道和荒木经惟等摄影师的作品。

那么究竟何为日系？日系摄影就是一种娇柔却又不做作，质朴却又不失华丽的摄影风格。日系摄影所有画面都源于生活，它并不强调技术与器材，更多讲究的是一种情感的流露。日系摄影也不是只有浮泛的画面而没有切实的内容。

简单说，日系摄影就是用相机去发现自己点滴生活中的美好，通过摄影的方式去感悟自己的得失。

日系的美，是缺陷的美，是委婉的美，同时也是质朴的美。我在某个公众号从事编辑工作已经半年多了，接触到了很多的日本摄影师。他们的照片都是自己生活里一个个的温情片段，照片中没有复杂的技术，也没有为了拍照而刻意为之的元素，但在那些照片之中却蕴含着无尽的能量。

使画面更有魅力——后期调色

正所谓“玉不琢，不成器。”当你拍摄到一张很满意的照片时，那么恭喜你，你相当于得到了一块玉石，接下来要做的事情，就是要打磨这块玉石，使你得到的这块玉石体现自身应有的价值。而对于照片的“打磨”方法就是我们这一章所要讲解的后期处理了。

6.1 蓝绿色系后期调色思路与后期增加云彩的方法

参数：ISO 800　50mm　f / 9.0　1/400s

1. 前期部分

这张照片是我在一个岛上拍摄的，虽说这里面积辽阔，但整个岛上都是空旷的草地，很难找到合适的拍摄物。有些地方的草长得很茂盛，有些地方却又很荒芜，颜色也有些杂乱。所以我在拍摄时将草地部分尽量压缩，留出了更多的空间给天空。这座岛屿四面环山，我选择了最矮小同时离得最远的一面山当作背景，以此增添画面的辽阔感。

这张照片是用佳能6D配上50mm f / 1.4的镜头拍摄的，因为是临时决定去拍草原，当时没有带长焦镜头，所以在拍摄牛群时构图问题着实让人头疼。画面中的牛群其实和我隔着一条小溪，我根本没法去对岸，只好一直等待着牛群离我最近的时候再拍摄。

2. 后期部分

后期思路是先用Lightroom对画面进行色调渲染，然后再用Photoshop对画面进一步调整并加入云层素材。

▲ 原图

▲ Lightroom处理后的效果

▲ Photoshop处理后的最终效果

（1）Lightroom部分

步骤 01 剪裁。

在渲染颜色之前，先将图片裁剪为1:1（6×6）的比例，修图之前先裁剪的好处在于可以避免照片不需要的部分的杂色在调色时产生干扰。

裁剪后画面左右相对平衡了些。

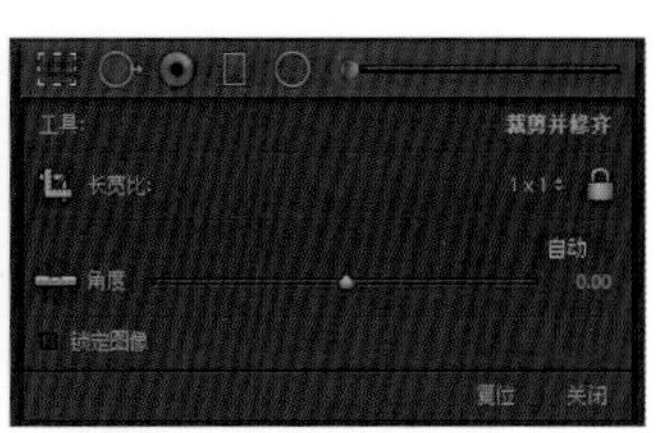

步骤 02 对基本的曝光度、色温、对比度、鲜艳度等进行修改。

①大体思路是使色温和色调偏冷。

②原片的画面有点曝光不足，我们要使画面稍微过度曝光，因此可以适当提高曝光度。

③原片是在多云的傍晚拍摄的，照片黑白灰关系没有拉开，后期时适当增加对比度和清晰度，避免照片有发“灰”的问题。

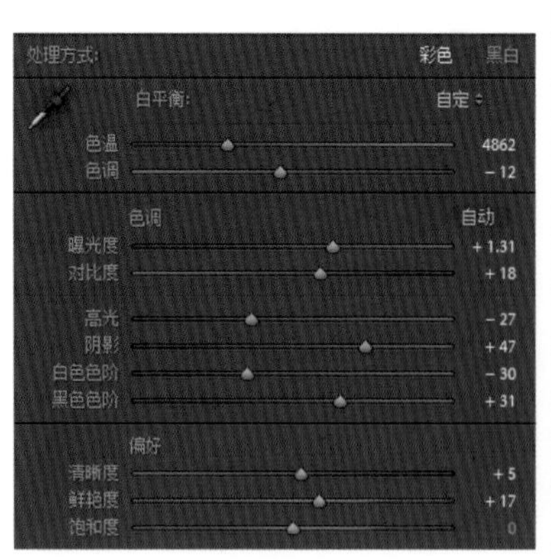

步骤 03 修改色相、饱和度和明亮度。

①从照片上可以看出，画面中主要的颜色有草地的绿色、天空的蓝色、背景群山的浅绿色以及牛的黄色。

②原图中草地部分（绿色和黄色）色彩比较杂，后期时应尽量使草地色调统一。草地部分的操作为：降低饱和度，提高明度，将草地调整为淡淡的青绿色。

③原图中天空部分（蓝色）偏紫色，后期时稍微降低一点饱和度，改变一点蓝色色相。因为之前提高了曝光度，此时的天空过度曝光而没有了细节，所以降低一点蓝色的明亮度，还原天空原本的模样。

④最大限度地提高群山（浅蓝色）的明亮度，目的是使背景的群山颜色更淡一些，以此增加画面的空间感和草原的辽阔感。

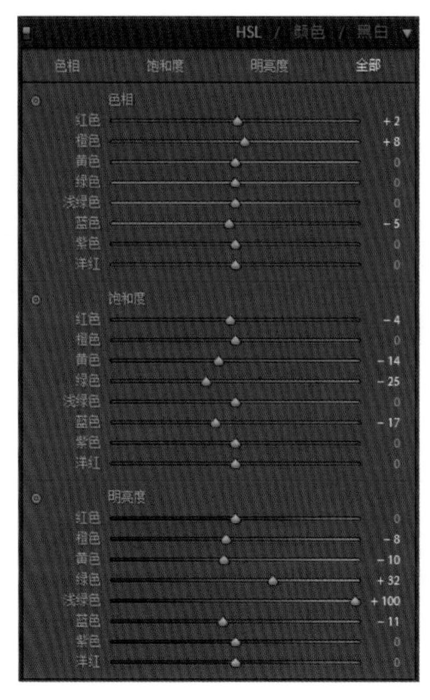

步骤04 锐化。

因为拍摄时用的是比较小的光圈，画面在细节方面还算到位，所以后期时锐化就没必要调得过高（锐化的作用主要是提高照片的清晰度）。

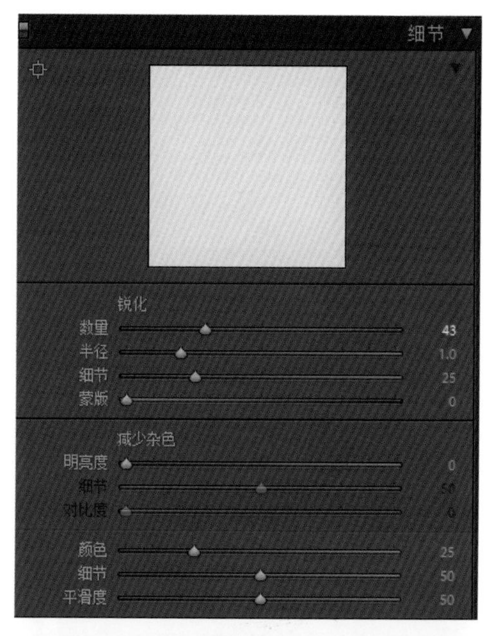

步骤05 镜头校正。

这张照片是用自动镜头拍摄的，在Lightroom里面可以直接点击配置文件校正，不需要自己手动去调整。

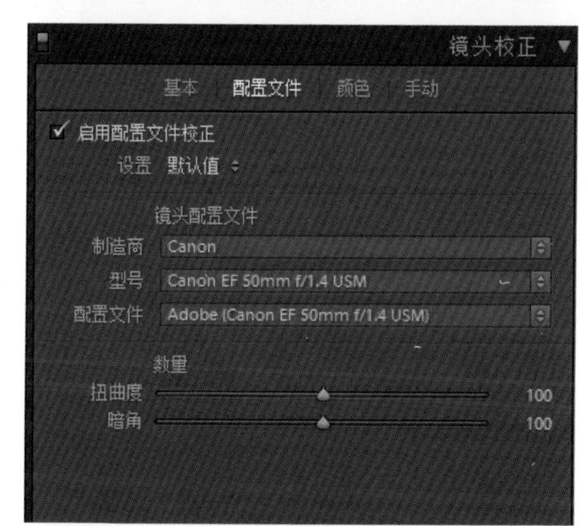

步骤06 增加颗粒感。

究竟是否增加颗粒感是个见仁见智的事情，完全依你自己的喜好。我个人比较喜欢在画面里带一点较细的颗粒。

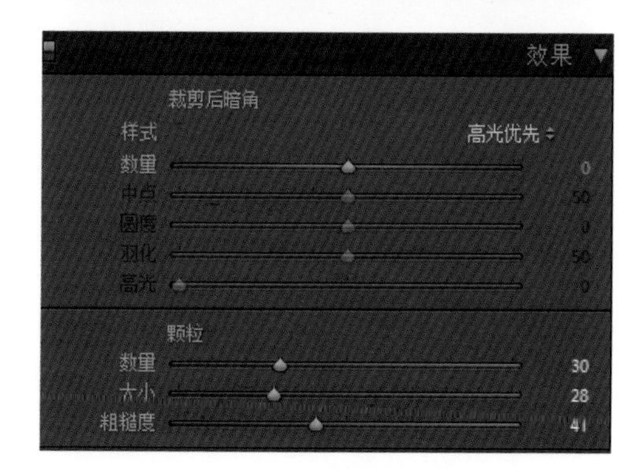

步骤 07 相机校准。

在相机校准中没有进行过多调整，主要是对草地部分做了进一步调色（红原色和绿原色）。

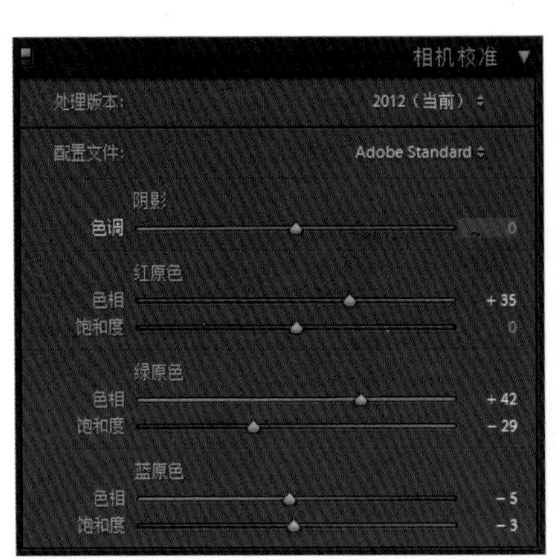

步骤 08 使用径向滤镜，对天空再次修正。

这一步的目的是进一步降低天空的曝光度，并将天空的色温色调向更冷的色调调整。

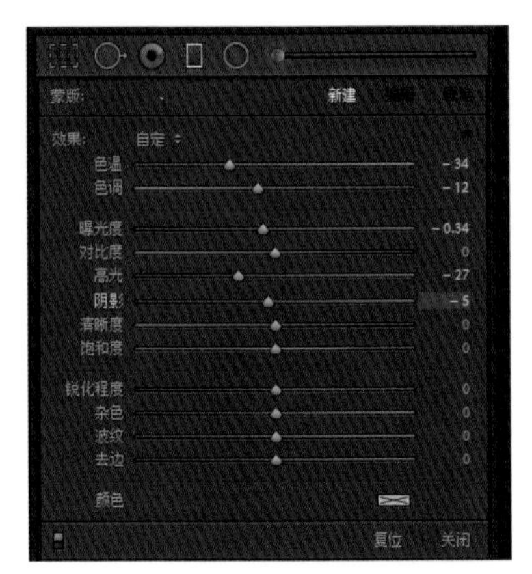

（2）Photoshop部分

步骤01 增加天空中的云彩。

原图的云层很厚，并不好看，再加上天空元素占据着照片里的很大的面积，我们在后期就应该试着将天空修得好看。

这里所用的是之前已经抠出的云彩素材，这也就省下了抠图的时间，直接将云彩素材拖入画面里就可以了。

如果你觉得云朵和环境光线不和谐，可以稍微降低一点云层的不透明度。

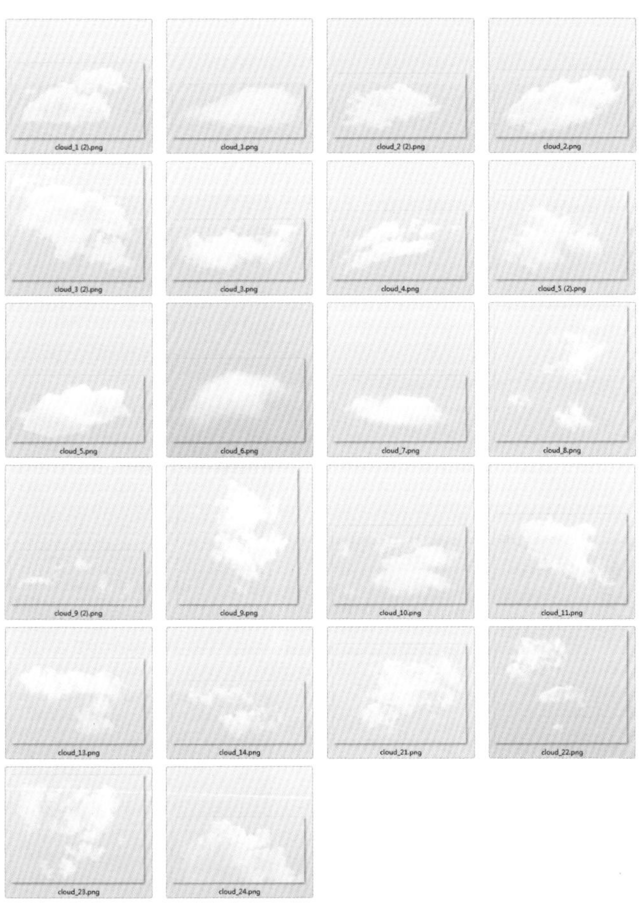

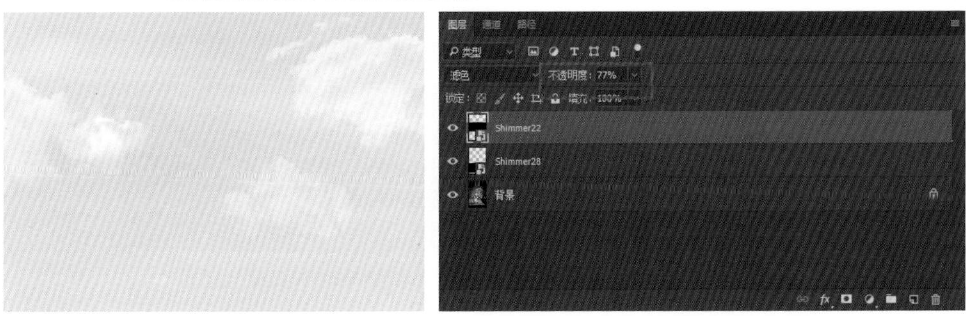

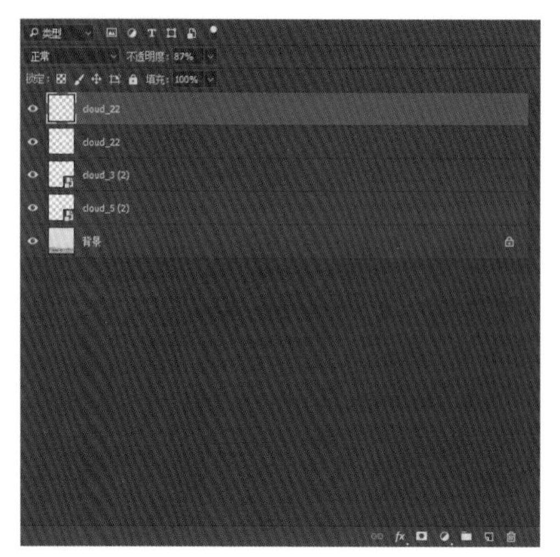

步骤 02 用曲线调整画面的对比度和曝光度。

之前已经调整过对比度了，但在修改了其他色调后感觉对比度还是不够。

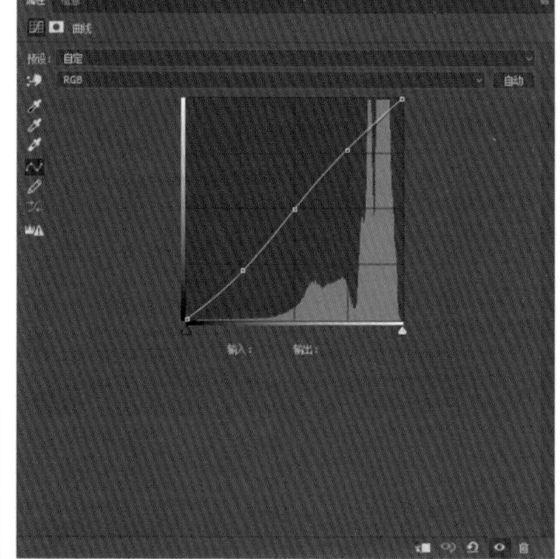

步骤 03 调整可选颜色。

用可选颜色调整青色，目的是进一步降低背景群山的颜色，使背景和前景产生更强烈的距离感。

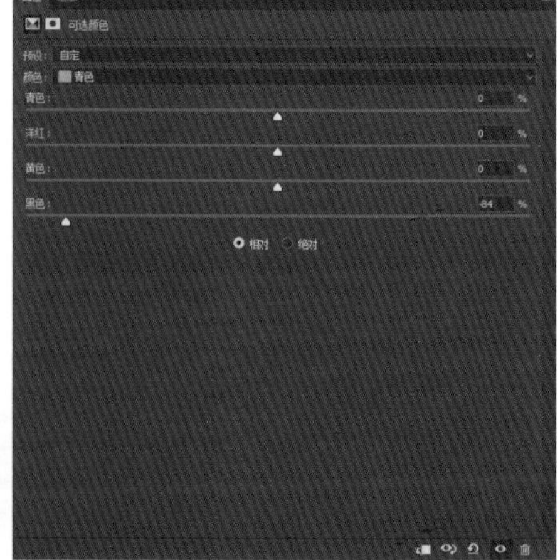

6.2 黄色系后期调色与后期增加光斑的方法

参数：ISO 400 58mm f / 1.4 1/400s

1. 前期部分

这张照片是在晚上用LED补光灯布光，在前期拍摄时就已经对光线的色温和强度等有一定的把控了，在后期时也就相对轻松一些。背景部分的光源用的是“5.3.3 LED灯”中所提到的LED补光灯。

拍摄时使用的镜头是美能达58mm f / 1.4镜头，选择这支镜头的原因主要是我喜欢将其光圈调至最大后的焦外成像效果。这支镜头是以前的手动镜头，不能自动对焦，而烟花点燃以后最多只能燃烧10s左右，如果选择将烟花点燃后放入瓶子里接着再对焦拍摄，时间基本上是不够的，并且镜头光圈也是开到最大的，稍微没有对准焦则画面就会模糊，这支镜头使我在对焦方面遇到了一些麻烦。

最终我选择的解决办法是使用三脚架架设相机，提前对焦并确定烟花的摆放位置，在点燃烟花后马上将其放在预定的摆放位置，接着就是不断连拍，最后找出最好的一张照片。

2. 后期部分

后期思路与前面的例子相同，也是先用Lightroom对画面颜色进行渲染，接着再用Photoshop对画面进一步调整并插入小特效。

▲ 原图

▲ Lightroom处理后的效果

▲ Photoshop处理后的最终效果

（1）Lightroom部分

步骤 01 对基本的曝光度、色温、对比度、鲜艳度等进行修改。

①照片整体上应该偏向暖色调，因为在前期拍摄使用LED补光灯时整体色调已经偏向暖色了，所以在后期时色温和色调调整并不多。

②曝光度方面，我将高光数值和白色色阶降低的原因是高光部分（烟花部分）过亮，已经看不见太多的细节了；而将阴影数值也降低的原因是背景有一层烟花燃烧后产生的灰烟，如果将阴影数值拉高，灰烟会更加明显，其后果就是画面的背景看起来很脏，所以在后期时降低一点阴影的曝光度，使灰烟尽可能不显眼。

③清晰度方面，由于使用的是以前的手动镜头，再加上使用的是最大的光圈，画质不够锐利，在后期时就应该多增加一点清晰度。

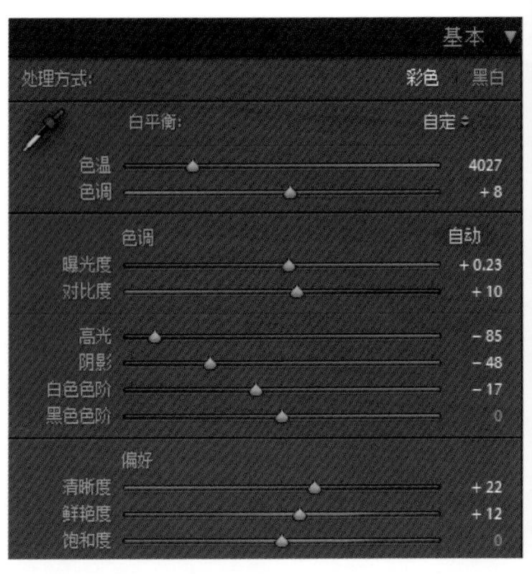

步骤 02 **修改色相，饱和度和明亮度。**

这张照片中的颜色很简单，主要是以橙色（烟花和桌子）和黄色（背景和LED灯）两种颜色为主。稍微提高一点饱和度，降低烟花明亮度，并提高一点LED灯的明亮度。

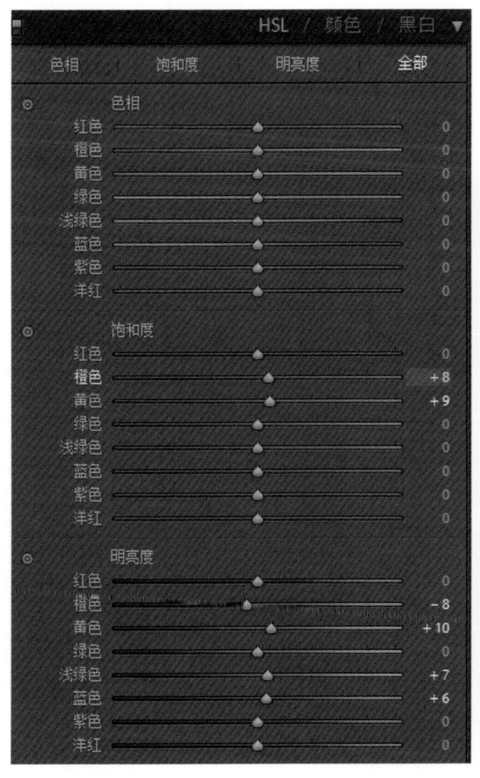

步骤03 锐化。

前面我也说过，这张照片因为光圈调至最大，画面不够锐利，因此后期锐化程度也要相应提高，这里我将锐化数量提高了100左右。

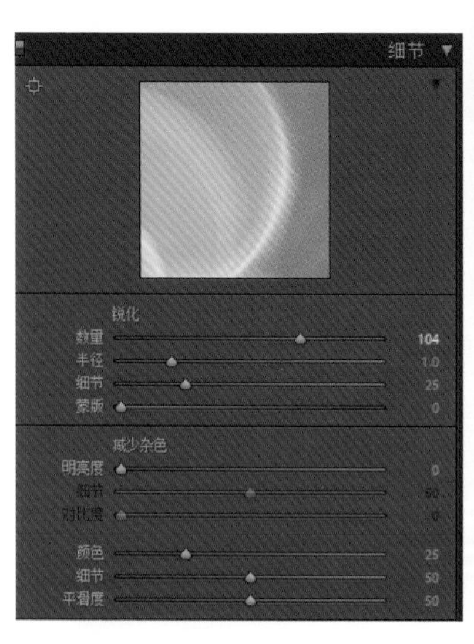

步骤04 镜头校正。

因为是使用的以前的手动镜头，Lightroom里面并没有相应镜头的自动校正功能，我们只好手动去校正。

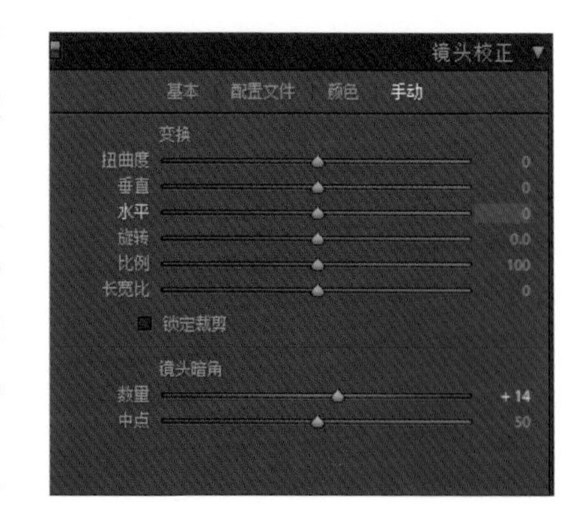

我们首先校正镜头的暗角数量，我并没将暗角完全消除，而是留下了一部分。原因是：照片下面两个角本来就是画面的暗部，没有必要将其消除；照片的上面两个角在画面背景中正好成了渐变的颜色，如果暗角完全消除，反而没有了渐变的这种效果。

画面里稍微有点紫边，在颜色一栏中将照片的紫边消除掉。

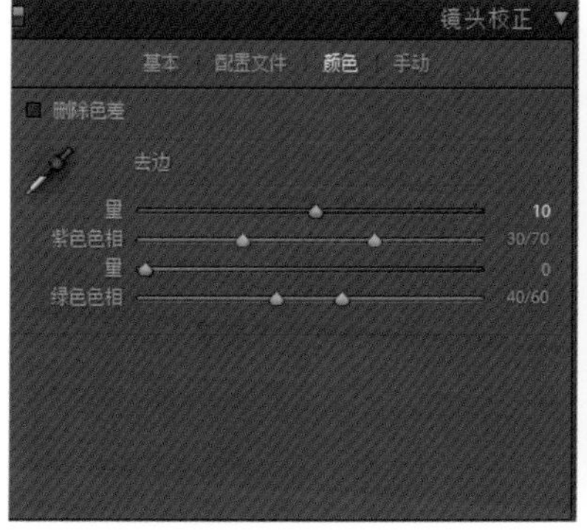

步骤 05 增加颗粒感。

还是那句话：增加颗粒感看个人喜好。

注意，在夜晚拍摄的照片，颗粒感不要加得太多，一般晚上拍的照片往往ISO（感光度）会设置得很高，相应的噪点也会增加。如果再加入太多颗粒感，照片的粗糙度就有点过了。

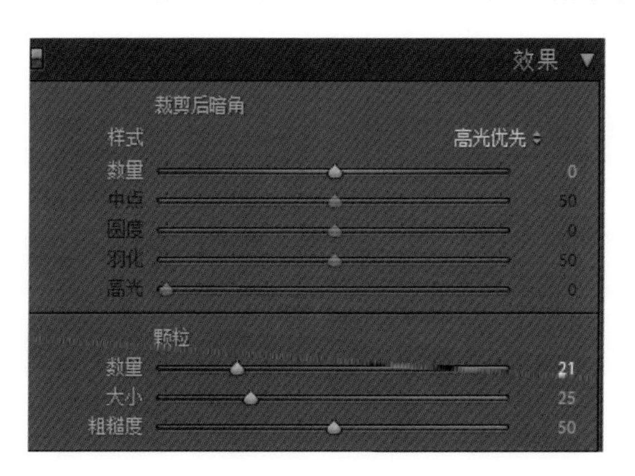

步骤 06 用镜头校准工具进一步对照片进行调色。

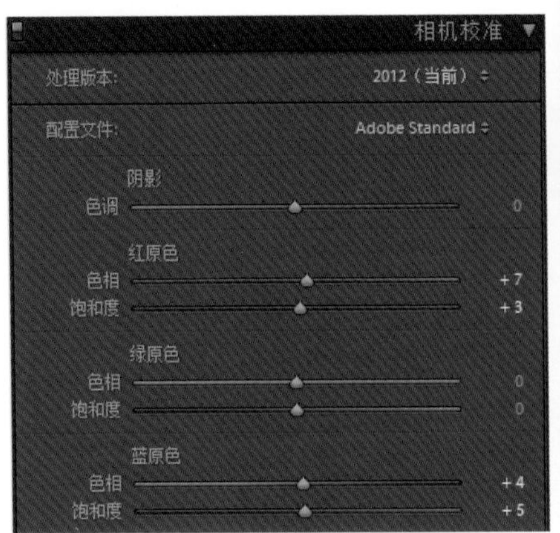

（2）Photoshop部分

步骤 01 增加小特效。

我觉得照片中还达不到自己想要的梦幻的效果，接下来我就要将事先做好的小斑点素材添加到照片中去。

①先将斑点素材拖入到画面中。

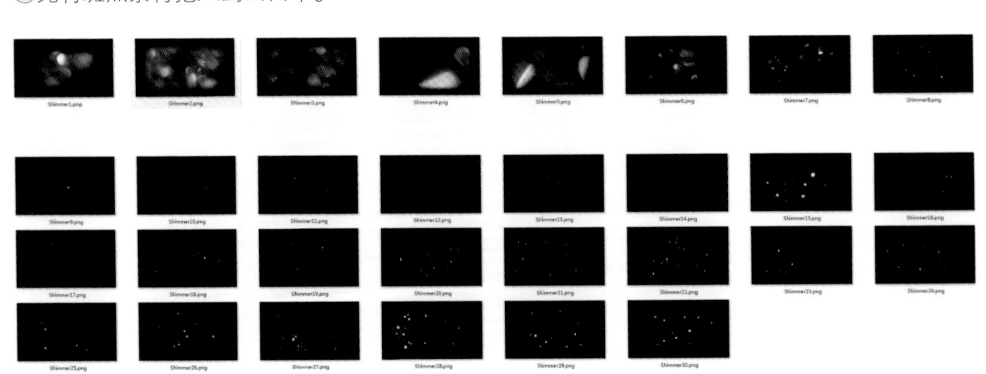

②此时的照片很大一部分都被素材遮住了，我们可以改变素材图层的混合图层模式，这里我们选择“滤色”模式。

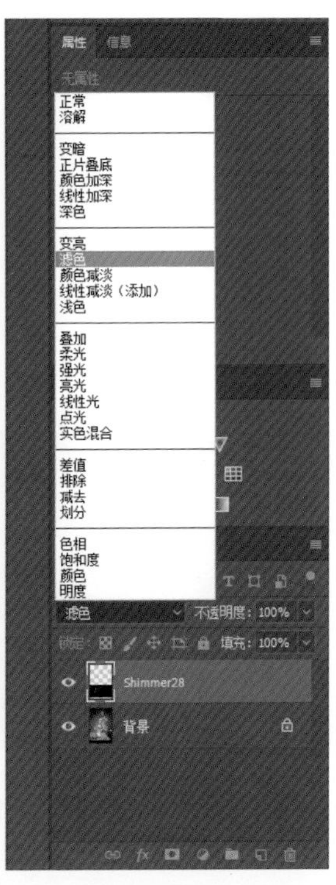

③在选择了“滤色”模式后，素材就与照片融合了。

④如果觉得素材有点抢眼，可以稍微降低一点照片的不透明度。

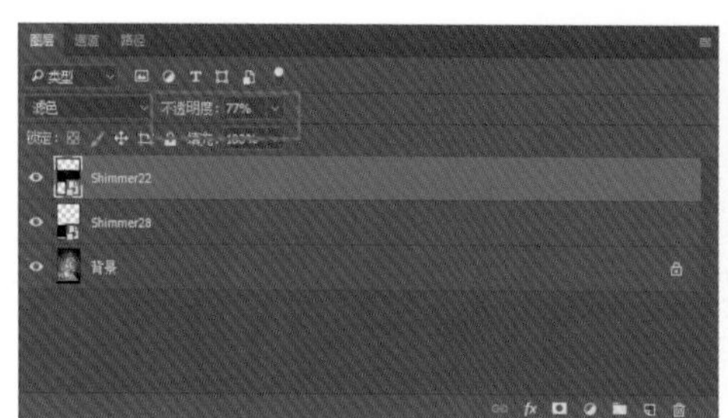

步骤 02 **用曲线进一步调整画面的对比度和曝光度。**

在用Lightroom调色时就已经对画面的对比度和曝光度做了一定的修改了，这一步我们需要用曲线进一步修改，得到最终效果。

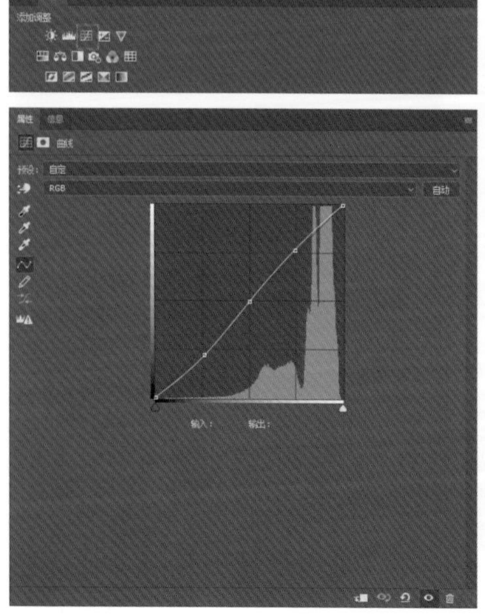

6.3 蓝色系后期调色与增加画面元素的技巧

参数：ISO 100 50mm f / 4.0 1/1600s

1. 前期部分

上面的照片是在晴朗无云的天气里下午4点钟左右拍的，当时的阳光还很强烈，光照充足。因为泡泡随时都在慢慢运动，相机设置参数必须首先满足快门要足够快，所以在拍摄时我用到了TV档（快门优先模式）先确定快门速度，光圈大小由相机自动决定。

在颜色选择方面，首先是大面积的天空浅蓝色。模特的衣服是大红色的，比较抢眼，适当面积的红色可以变成画面视觉中心的效果，但如果画面里红色面积过大就会变得很扎眼，另外吹泡泡用的棒子无论造型还是大小，都有点违和感，所以我在拍摄时只将手臂和棒子的一小部分拍了下来，留下大块天空当作“留白”部分。

2. 后期部分

后期的整体思路是先用Photoshop加入当时拍摄的其他照片中的泡泡素材，然后再用Lightroom对画面进行色调渲染。为什么这一次修图和前面使用软件的顺序不一样呢，主要是因为我们拍摄时的光线环境都是一模一样的，色调上不存在差异，加入的泡泡看起来会很自然，但如果你先将照片的色调修改了再拖入泡泡素材的话，素材与该照片的色调就很难统一了。

▲ 原图

▲ Photoshop处理后的效果

▲ Lightroom处理后的效果

（1）Photoshop部分

步骤 01 裁剪照片。

将照片裁剪成1:1（6×6）的比例。

步骤 02 将当时拍摄的其他照片 IMG-2636.CR2 作为素材，并拖入 Photoshop。

步骤 03 使用套索工具。

选择套索工具后，用鼠标圈选出素材照片中需要使用的泡泡。在圈好以后，按住Ctrl + C组合键，同时移动鼠标，将已经圈出的泡泡移动到需要进行后期处理的照片中。

步骤 04 使用橡皮擦工具。

将素材拖入照片后，我们发现照片和素材边缘有色差。接着我们要使用橡皮擦工具使素材更自然地融合进去。

①在使用橡皮擦工具之前，先将菜单栏中的“流量”调整到50%左右。

②在擦拭时将照片放大一些，尽量不要把泡泡的形状擦缺一块。

③擦拭完成后，如果你觉得照片中拖入的泡泡还不够真实，可以稍微调低一点泡泡的图层的不透明度。

（2）Lightroom部分

步骤 01 **对基本的曝光度、色温、对比度、清晰度等进行修改。**

①照片中天空有点偏紫，后期时将色调往绿色调整一些。

②原片中曝光度属于正常的范围，在后期时使照片稍微曝光过度。

③增加对比度，使画面的泡泡更显眼一些。

④最大限度地降低高光数值，这是为了给后面留出修改空间。

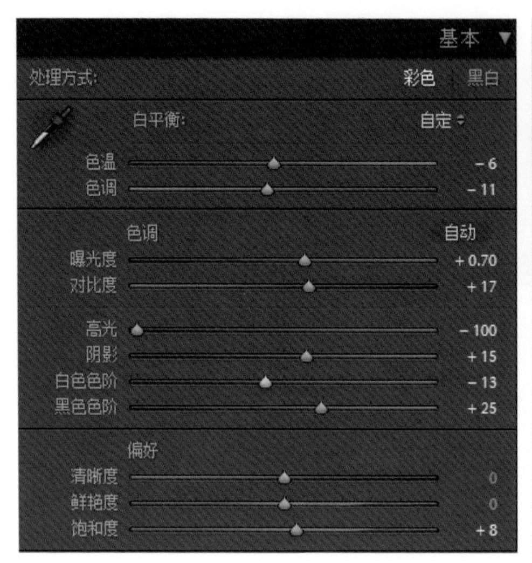

步骤 02 **调整曲线。**

用红、绿、蓝3个通道稍微修改照片色调。

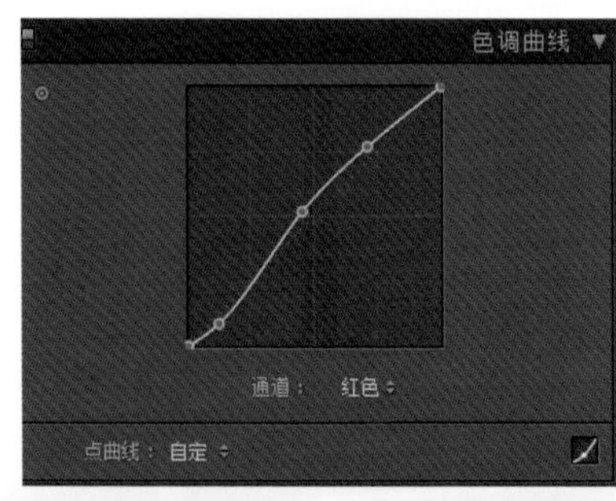

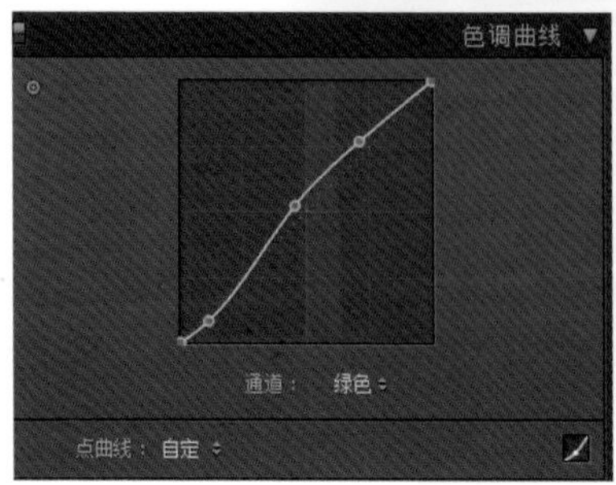

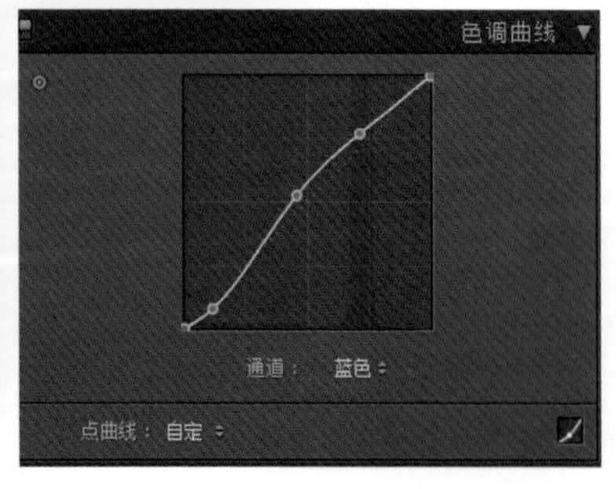

步骤 03 修改照片的色相、饱和度、明亮度。

①衣服（红色）：颜色有点过于艳丽，降低其饱和度。

②手、皮肤（橙色）：有点偏红、偏暗，在色相上往黄色调一些并提高明亮度，使皮肤更白皙。

③天空（蓝、浅绿色）：稍微修改一点色相，使天空更偏向青色，饱和度也适当降低一点，稍微提高明亮度，这样出来的效果也会更偏向日系。

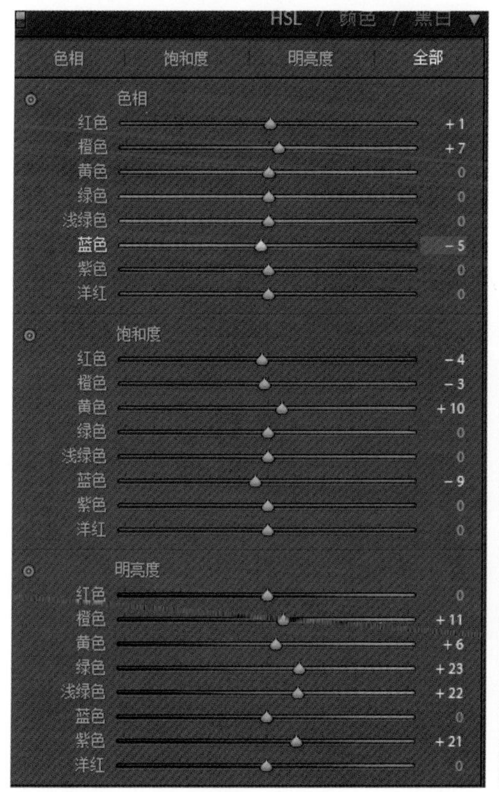

步骤 04 锐化图像，镜头校正，增加颗粒感。

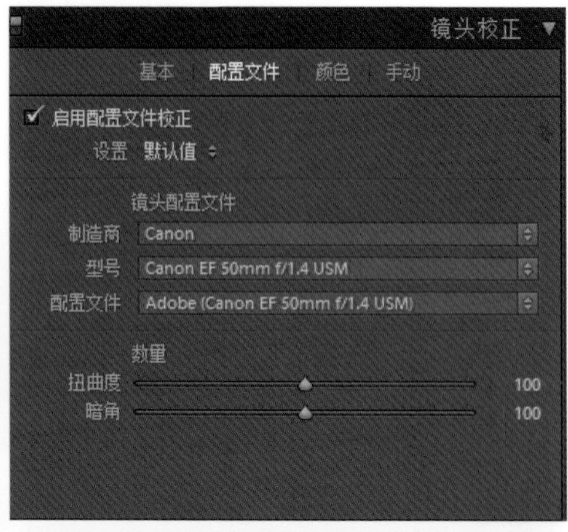

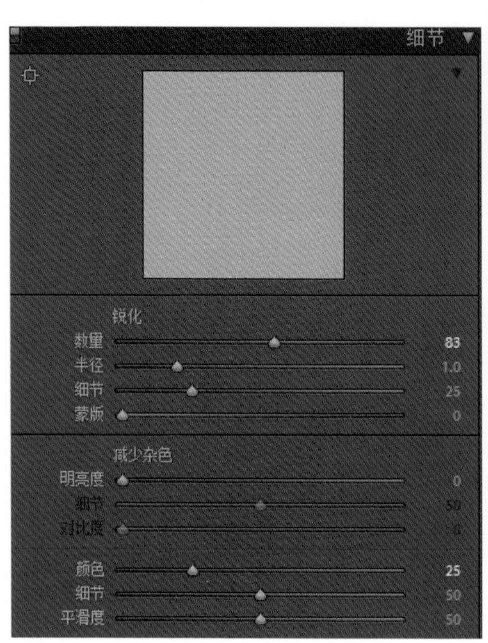

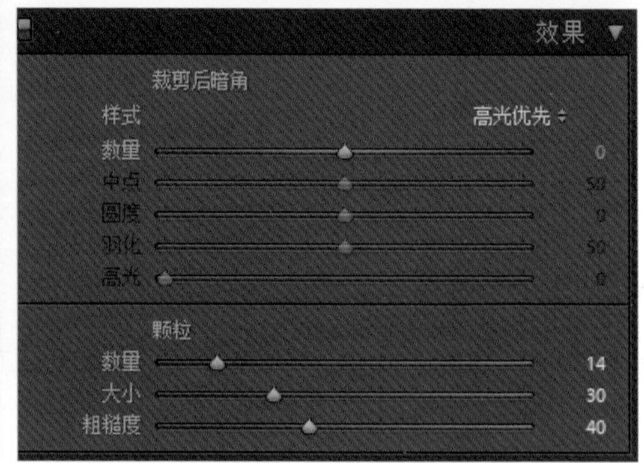

步骤 05 相机校准。

最后对照片进行色调上的调整。调整的方向主要是使天空更偏青色，饱和度再稍微降低一些。

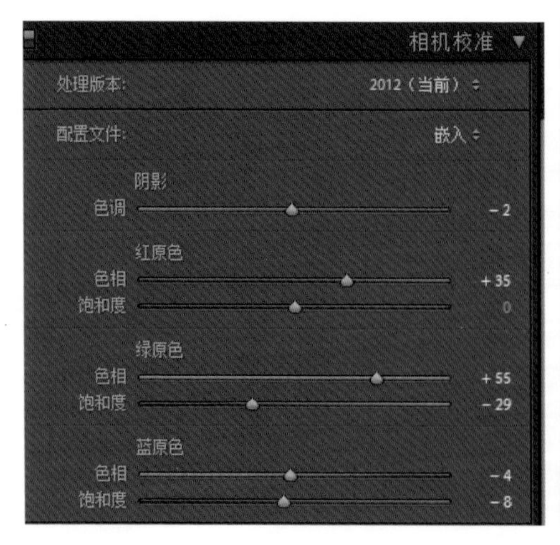

6.4 胶片色调后期调色思路

参数：ISO 2000 50mm f / 4.0 1/4000s

1. 前期部分

照片里的狗是我家邻居的，当时想到拍这张照片只是因为我在院子里散步时正好遇见邻居也在遛狗，于是顺便拍了几张。

当时的天气并不好，是一个阴天，拍摄时间是下午4点钟左右。从上面的拍摄参数就不难发现，当时的光线情况并不好，但动物好动的习性，拍摄时一定要用到高速快门，并且我为了得到一个较清晰的画面，光圈也没有设置得太大，所以ISO就必然要调得很高。

拍这张照片时，狗是站在一个较高的石阶上，而我是站在石阶的下面，所以我可以利用较低的视角拍摄，这样一来，视觉效果就要比普通的平视或俯视视角要新鲜一些。

2. 后期部分

这张照片我只用Lightroom进行调色，并不使用Photoshop。

要模拟出胶片的色调首先就得清楚大部分胶片色调都有怎样的特点和共性。这一次我打算将富士胶片特有的绿色和柯达胶片的黄暖色调结合起来调色。另外，很多的胶片色调的对比度都很高，这一点我也打算模仿出来。

▲ 原片

◀ 处理后

步骤01 裁剪。

这张照片在前期拍摄时画面中天空部分所占面积比较大，在阴天里天空完全是一片灰色，拍出来的照片也没有任何细节。现在我们有两种解决方案，第一种比较麻烦，即通过后期为天空增加色彩并增加云朵，另外一种方法就是直接裁剪掉画面中过多的天空元素。由于第一种方法在前面的案例中已经介绍过了，我们就直接使用第二种最简单的方法。另外，照片依旧采用1:1（6×6）的比例。

另外，在裁剪时我选择将狗置于画面的最右边，而不是最放在九宫格上。主要是因为画面里的狗，它的头是朝向左边的，将左侧留出更多的空间出来会使人觉得画面里的狗是在看着很远的地方，能使观者感受到一定的空间感。

步骤 02 对基本的曝光度、色温、鲜艳度等进行修改。

①色温方面，往暖黄色调整，初步模拟出柯达胶片的色调。色调方面，画面里绿色成分很大，为了符合“富士绿”的特性，稍微往绿色调整一点。

②原片中画面有点曝光不足，后期时适当提高曝光度，降低高光数值，并提高阴影数值。

③稍微提高一点清晰度，这一步千万不要将清晰度调得太高，并且不提高对比度，以便为后面的步骤留出修改余地。

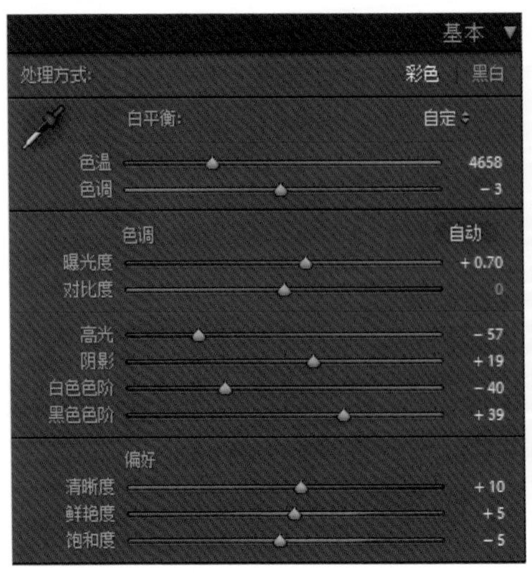

步骤03 曲线调色。

由于这张照片是在阴天拍摄的，原片中整体对比度不强烈，色彩也很淡。在后期时对红、绿、蓝3个通道中都降低阴影数值，提亮高光数值，使色调曲线形成“S”形曲线，目的就是提高画面的对比度并且增强画面的色彩鲜艳度。

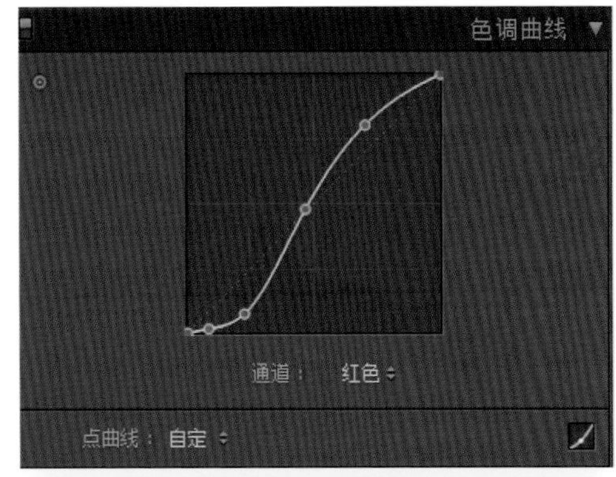

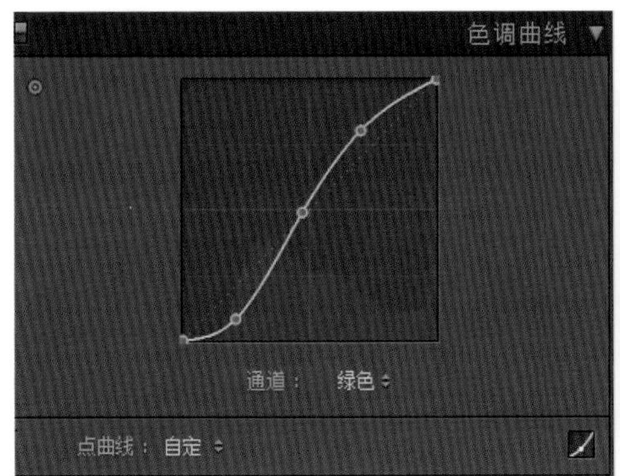

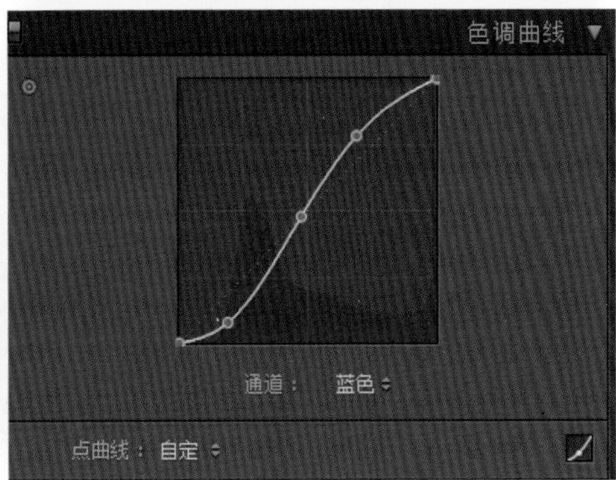

步骤 04 修改各个颜色的色相、饱和度和明亮度。

前面几步已经对画面的整体色彩和曝光度等进行了初步调整，接下来我们就要对各个不同的颜色单独修改。

①首先是对占画面面积最大的树叶进行修改，树叶的中心区域由绿色控制，而浅绿色和蓝色控制着树叶的边缘区域和树叶间的缝隙区域。后期时将3种颜色的色相都稍微往青绿色方向调整一点；然后降低各颜色的饱和度；明亮度上，提亮绿色，压暗浅绿色和蓝色，目的是使树叶的缝隙和边缘过渡得更柔和，也进一步增强画面绿色的层次感。

②狗的身体主要由红色、橙色和黄色三色控制，红色主要是控制狗身上的牵引带的颜色，橙色主要控制颜色较深部分的皮毛，黄色控制浅色部分的皮毛。为了模拟出柯达胶片的黄色色彩，我们要将皮毛的明亮度和饱和度再降低一点。

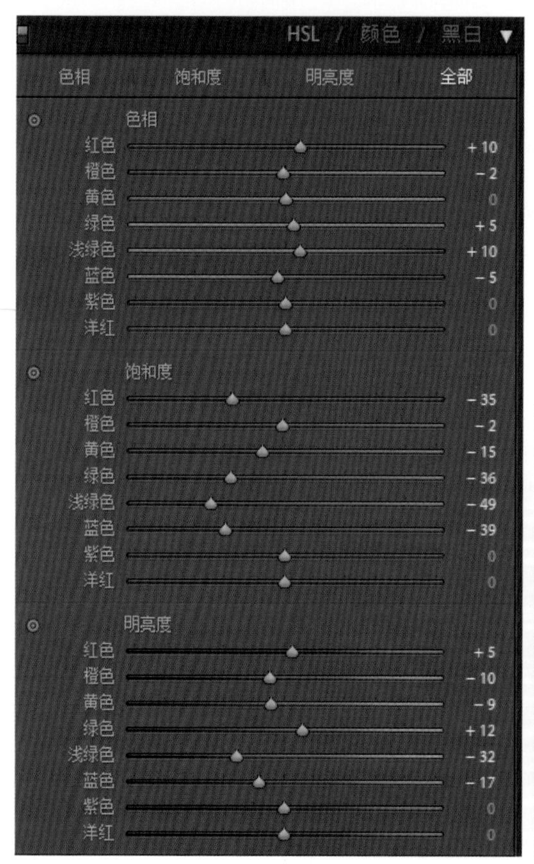

步骤 05 锐化，减少暗角，增加颗粒感。

步骤和前面的案例是一样的，只是在增加颗粒感上，因为拍摄时ISO设置得很高，画面噪点已经偏多，后期时就不能再加太多的颗粒感进去。

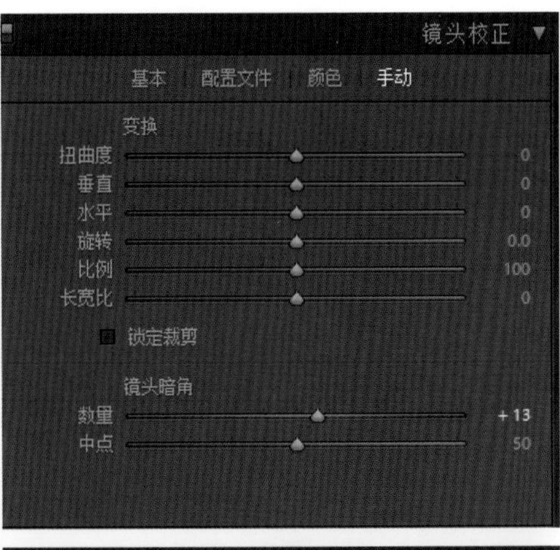

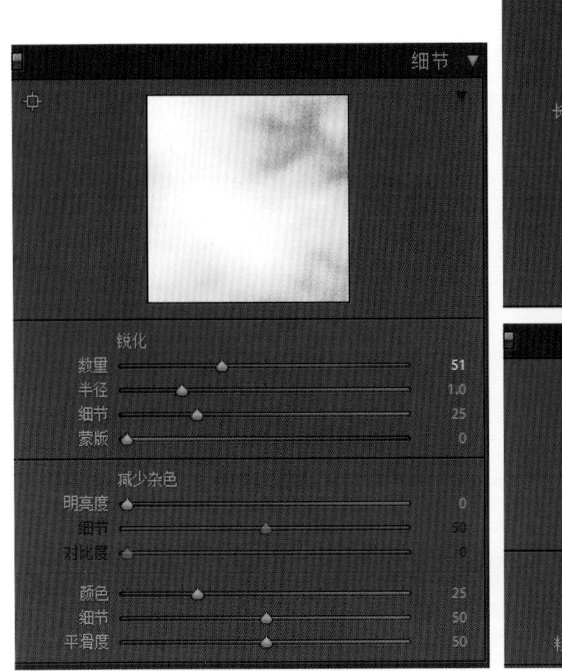

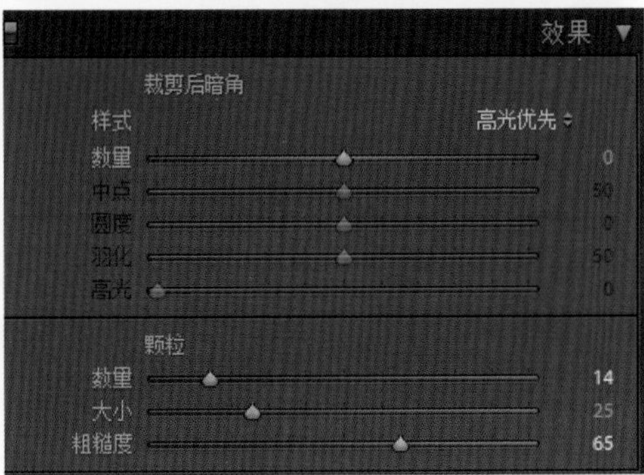

步骤 06 通过相机校准进一步对画面中绿色和黄色这些主要颜色进行修改，这一步中色调的变化并不大。

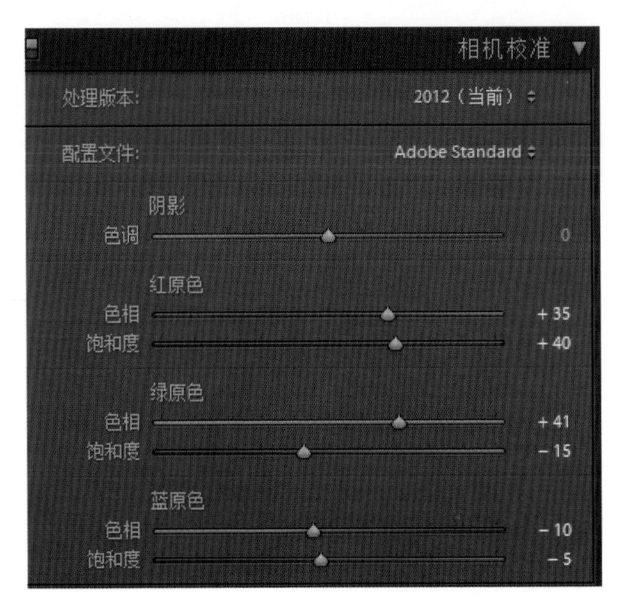

最终效果如下图所示。